建设工程监理规范新旧对照手册

中国建设监理协会　组织编写

中国建筑工业出版社

图书在版编目（CIP）数据

建设工程监理规范新旧对照手册/中国建设监理协会组织编
写．—北京：中国建筑工业出版社，2013.12
 ISBN 978-7-112-16289-5

Ⅰ.①建… Ⅱ.①中… Ⅲ.①建筑工程-监理工作-建筑规
范-中国-手册 Ⅳ.①TU712-62

中国版本图书馆 CIP 数据核字（2014）第 002705 号

为帮助工程建设参与各方人员特别是广大工程监理人员正确理解和执
行《建设工程监理规范》GB/T 50319—2013 内容，准确把握规范重点，
更好地发挥规范的指导性作用，中国建设监理协会组织编写了本手册，内
容包括新、旧规范的条文对照及修订说明等。

* * *

责任编辑：郦锁林　朱晓瑜
责任设计：张　虹
责任校对：陈晶晶　刘梦然

建设工程监理规范新旧对照手册
中国建设监理协会　组织编写
*
中国建筑工业出版社出版、发行（北京西郊百万庄）
各地新华书店、建筑书店经销
北京红光制版公司制版
廊坊市海涛印刷有限公司印刷
*
开本：787×1092 毫米　1/16　印张：6¼　字数：152 千字
2014 年 5 月第一版　2014 年 5 月第一次印刷
定价：20.00 元
ISBN 978-7-112-16289-5
（25035）

《建设工程监理规范新旧对照手册》

编写委员会

主　　编：刘伊生

编写人员：温　健　杨卫东　龚花强　李　伟　李清立

孙占国　朱本祥　付晓明　田成刚　姜树青

前　言

住房和城乡建设部于 2013 年 5 月 13 日批准发布的国家标准《建设工程监理规范》GB/T 50319—2013，将于 2014 年 3 月 1 日起实施。该规范是对《建设工程监理规范》GB/T 50319—2000 进行的修订，本次修订内容主要体现在 6 个方面，即：调整了章节结构和名称、基本表式；增加了相关服务专章；增加了术语数量；增加了安全生产管理的监理工作内容；强化了可操作性；修改了不够协调一致的部分内容等。

为帮助工程建设参与各方人员特别是广大工程监理人员正确理解和执行规范内容，准确把握《建设工程监理规范》重点，更好地发挥《建设工程监理规范》的指导性作用，我们编写了《建设工程监理规范新旧对照手册》，内容包括新、旧规范的条文对照及修订说明。

目　录

建设工程监理规范新旧对照

新《规范》	旧《规范》	说　明
1　总则	**1　总则**	**由原来6条增为10条。**
1.0.1　为规范建设工程监理与相关服务行为，提高建设工程监理与相关服务水平，制定本规范。	1.0.1　为了提高建设工程监理水平，规范建设工程监理行为，编制本规范。	增加了相关服务。并与《建设工程监理合同（示范文本）》GF-2012-0202相一致。
1.0.2　本规范适用于新建、扩建、改建建设工程监理与相关服务活动。	1.0.2　本规范适用于新建、扩建、改建建设工程施工、设备采购和制造的监理工作。	增加了相关服务。并与《建设工程监理合同（示范文本）》GF-2012-0202相一致。
1.0.3　实施建设工程监理前，建设单位应委托具有相应资质的工程监理单位，并以书面形式与工程监理单位订立建设工程监理合同，合同中应包括监理工作的范围、内容、服务期限和酬金以及双方的义务、违约责任等相关条款。 　　在订立建设工程监理合同时，建设单位将勘察、设计、保修阶段等相关服务一并委托的，应在合同中明确相关服务的工作范围、内容、服务期限和酬金等相关条款。	1.0.3　实施建设工程监理前，监理单位必须与建设单位签订书面建设工程委托监理合同，合同中应包括监理单位对建设工程质量、造价、进度进行全面控制和管理的条款。建设单位与承包单位之间与建设工程合同有关的联系活动应通过监理单位进行。	根据《建筑法》第三十一条进行了修改，并增加了相关服务。与《建设工程监理合同（示范文本）》GF-2012-0202相一致。将旧《规范》最后一句话移至1.0.5。
1.0.4　工程开工前，建设单位应将工程监理单位的名称，监理的范围、内容和权限及总监理工程师的姓名书面通知施工单位。		根据《建筑法》第三十三条内容增加。
1.0.5　在建设工程监理工作范围内，建设单位与施工单位之间涉及施工合同的联系活动应通过工程监理单位进行。	1.0.3　实施建设工程监理前，监理单位必须与建设单位签订书面建设工程委托监理合同，合同中应包括监理单位对建设工程质量、造价、进度进行全面控制和管理的条款。建设单位与承包单位之间与建设工程合同有关的联系活动应通过监理单位进行。	因修订后的1.0.3内容较多，故由旧《规范》1.0.3独立出来。
1.0.6　实施建设工程监理应遵循下列主要依据： 　1　法律法规及工程建设标准； 　2　建设工程勘察设计文件； 　3　建设工程监理合同及其他合同文件。		这是新增加的内容，并与《建设工程监理合同（示范文本）》GF-2012-0202相一致。
1.0.7　建设工程监理应实行总监理工程师负责制。	1.0.4　建设工程监理应实行总监理工程师负责制。	未改动。

新《规范》	旧《规范》	说　明
1.0.8 建设工程监理宜实施信息化管理。	**3.3.3** 在大中型项目的监理工作中，项目监理机构应实施监理工作的计算机辅助管理	为适应现代工程建设管理需求，所有实施监理的建设工程，应提倡实行信息化管理。
1.0.9 工程监理单位应公平、独立、诚信、科学地开展建设工程监理与相关服务活动。	**1.0.5** 监理单位应公正、独立、自主地开展监理工作，维护建设单位和承包单位的合法权益。	倡导"公平、独立、诚信、科学"的原则，更符合科学发展观及工程监理实际。同时与《建设工程监理合同（示范文本）》GF-2012-0202 相一致。
1.0.10 建设工程监理与相关服务活动，除应符合本规范外，尚应符合国家现行有关标准的规定。	**1.0.6** 建设工程监理除应符合本规范外，还应符合国家现行的有关强制性标准、规范的规定。	增加了相关服务。与《建设工程监理合同（示范文本）》GF-2012-0202 相一致。
2　术语	**2　术语**	调整、增加后的术语由 19 个增为 24 个，并增加了每个术语的英文名称。
2.0.1 工程监理单位 construction project management enterprise 依法成立并取得建设主管部门颁发的工程监理企业资质证书，从事建设工程监理与相关服务活动的服务机构。		为明确工程监理单位的性质而增加。
2.0.2 建设工程监理 construction project management 工程监理单位受建设单位委托，根据法律法规、工程建设标准、勘察设计文件及合同，在施工阶段对建设工程质量、进度、造价进行控制，对合同、信息进行管理，对工程建设相关方的关系进行协调，并履行建设工程安全生产管理法定职责的服务活动。		为了明确工程监理定位，并与《建设工程监理合同（示范文本）》GF-2012-0202 相一致。
2.0.3 相关服务 related services 工程监理单位受建设单位委托，按照建设工程监理合同约定，在建设工程勘察、设计、保修等阶段提供的服务活动。		新增加的内容。与《建设工程监理合同（示范文本）》GF-2012-0202 相一致。
2.0.4 项目监理机构 project management department 工程监理单位派驻工程负责履行建设工程监理合同的组织机构。	项目监理机构 监理单位派驻工程项目负责履行委托监理合同的组织机构。	修改个别文字。与《建设工程监理合同（示范文本）》GF-2012-0202 相一致。
2.0.5 注册监理工程师 registered project management engineer 取得国务院建设主管部门颁发的《中华人民共和国注册监理工程师注册执业证书》和执业印章，从事建设工程监理与相关服务等活动的人员。	监理工程师 取得国家监理工程师执业资格证书并经注册的监理人员。	根据《注册监理工程师管理规定》（建设部令第 147 号）第三条修订，并与《建设工程监理合同（示范文本）》GF-2012-0202 相一致。

新《规范》	旧《规范》	说　　明
2.0.6　总监理工程师　chief project management engineer 由工程监理单位法定代表人书面任命，负责履行建设工程监理合同、主持项目监理机构工作的注册监理工程师。	总监理工程师　由监理单位法定代表人书面授权，全面负责委托监理合同的履行、主持项目监理机构工作的监理工程师。	修改个别文字，与《建设工程监理合同（示范文本）》GF-2012-0202 相一致。
2.0.7　总监理工程师代表　representative of chief project management engineer 经工程监理单位法定代表人同意，由总监理工程师书面授权，代表总监理工程师行使其部分职责和权力，具有工程类注册执业资格或具有中级及以上专业技术职称、3 年及以上工程实践经验并经监理业务培训的人员。	总监理工程师代表　经监理单位法定代表人同意，由总监理工程师书面授权，代表总监理工程师行使其部分职责和权力的项目监理机构中的监理工程师。 3.1.3　……总监理工程师代表应由具有二年以上同类工程监理工作经验的人员担任；……。	考虑我国工程建设领域执业资格制度及工程建设快速发展需求，调整了总监理工程师代表的任职条件，并将术语与旧《规范》3.1.3 中部分内容合并。
2.0.8　专业监理工程师　specialty project management engineer 由总监理工程师授权，负责实施某一专业或某一岗位的监理工作，有相应监理文件签发权，具有工程类注册执业资格或具有中级及以上专业技术职称、2 年及以上工程实践经验并经监理业务培训的人员。	专业监理工程师　根据项目监理岗位职责分工和总监理工程师的指令，负责实施某一专业或某一方面的监理工作，具有相应监理文件签发权的监理工程师。 3.1.3　……专业监理工程师应由具有一年以上同类工程监理工作经验的人员担任。	考虑我国工程建设领域执业资格制度及工程建设快速发展需求，调整了专业监理工程师的任职条件，并将术语与旧《规范》3.1.3 中部分内容合并。
2.0.9　监理员　site supervisor 从事具体监理工作，具有中专及以上学历并经过监理业务培训的人员。	监理员　经过监理业务培训，具有同类工程相关专业知识，从事具体监理工作的监理人员。	调整了监理员的学历要求，并将术语与旧《规范》3.1.3 中部分内容合并。
2.0.10　监理规划　project management planning 项目监理机构全面开展建设工程监理工作的指导性文件。	监理规划　在总监理工程师的主持下编制、经监理单位技术负责人批准，用来指导项目监理机构全面开展监理工作的指导性文件。	将监理规划的编制、审批移至修订后的《规范》4.2.2 编审程序中。
2.0.11　监理实施细则　detailed rules for project management 针对某一专业或某一方面建设工程监理工作的操作性文件。	监理实施细则　根据监理规划，由专业监理工程师编写，并经总监理工程师批准，针对工程项目中某一专业或某一方面监理工作的操作性文件。	将监理实施细则的编制、审批移至修订后的《规范》4.3.2 编审程序中。
2.0.12　工程计量　engineering measuring 根据工程设计文件及施工合同约定，项目监理机构对施工单位申报的合格工程的工程量进行的核验。	工程计量　根据设计文件及承包合同中关于工程量计算的规定，项目监理机构对承包单位申报的已完成工程的工程量进行的核验。	强调了对合格工程的工程量的核验。

新《规范》	旧《规范》	说　明
2.0.13 旁站　key works supervising 项目监理机构对工程的关键部位或关键工序的施工质量进行的监督活动。	旁站　在关键部位或关键工序施工过程中，由监理人员在现场进行的监督活动。	强调了对工程施工质量的监督。
2.0.14 巡视　patrol inspecting 项目监理机构对施工现场进行的定期或不定期的检查活动。	巡视　监理人员对正在施工的部位或工序在现场进行的定期或不定期的监督活动。	考虑了建设工程安全生产管理的工作内容，现场巡视不仅仅局限于施工部位或工序。
2.0.15 平行检验　parallel testing 项目监理机构在施工单位自检的同时，按有关规定、建设工程监理合同约定对同一检验项目进行的检测试验活动。	平行检验　项目监理机构利用一定的检查或检测手段，在承包单位自检的基础上，按照一定的比例独立进行检查或检测的活动。	强调了项目监理机构应"按有关规定、建设工程监理合同约定"进行平行检验。而且由于平行检验必然需要一定手段，故删除"利用一定的检查或检测手段"。
2.0.16 见证取样　sampling witness 项目监理机构对施工单位进行的涉及结构安全的试块、试件及工程材料现场取样、封样、送检工作的监督活动。	见证　由监理人员现场监督某工序全过程完成情况的活动。	旧《规范》"见证"的含义不够准确。根据《建设工程质量管理条例》第三十一条内容修订。
2.0.17 工程延期　construction duration extension 由于非施工单位原因造成工期延长的时间。		为区别工程延期与工期延误新增加。
2.0.18 工期延误　delay of construction period 由于施工单位自身原因造成施工期延长的时间。		为区别工程延期与工期延误新增加。
2.0.19 工程临时延期批准　approval of construction duration temporary extension 发生非施工单位原因造成的持续性影响工期事件时所作出的临时延长合同工期的批准。	临时延期批准　当发生非承包单位原因造成的持续性影响工期的事件，总监理工程师所作出暂时延长合同工期的批准。	工程临时延期批准不仅需要总监理工程师批准，而且需要建设单位同意，故取消"总监理工程师……的批准。"
2.0.20 工程最终延期批准　approval of construction duration final extension 发生非施工单位原因造成的持续性影响工期事件时所作出的最终延长合同工期的批准。	延期批准　当发生非承包单位原因造成的持续性影响工期事件，总监理工程师所作出的最终延长合同工期的批准。	工程最终延期批准不仅需要总监理工程师批准，而且需要建设单位同意，故取消"总监理工程师……的批准。"
2.0.21 监理日志　daily record of project management 项目监理机构每日对建设工程监理工作及施工进展情况所做的记录。		为区分监理日志与监理日记新增加。

新《规范》	旧《规范》	说　明
2.0.22 监理月报　monthly report of pro-ject management 　项目监理机构每月向建设单位提交的建设工程监理工作及建设工程实施情况等分析总结报告。		作为重要的工程监理文件而新增加。
2.0.23 设备监造　supervision of equip-ment manufacturing 　项目监理机构按照建设工程监理合同和设备采购合同约定，对设备制造过程进行的监督检查活动。	设备监造　监理单位依据委托监理合同和设备订货合同对设备制造过程进行的监督活动。	将"监理单位"改为"项目监理机构"更贴切。
2.0.24 监理文件资料　project document & data 　工程监理单位在履行建设工程监理合同过程中形成或获取的，以一定形式记录、保存的文件资料。		为强调工程监理文件资料的重要性而增加。
	工地例会　由项目监理机构主持的，在工程实施过程中针对工程质量、造价、进度、合同管理等事宜定期召开的、由有关单位参加的会议。	为强调监理职责，以"监理例会"代替。
	工程变更　在工程项目实施过程中，按照合同约定的程序对部分或全部工程在材料、工艺、功能、构造、尺寸、技术指标、工程数量及施工方法等方面做出的改变。	术语"工程变更"、"费用索赔"已被工程参建各方所熟悉，故取消。
	费用索赔　根据承包合同的约定，合同一方因另一方原因造成本方经济损失，通过监理工程师向对方索取费用的活动。	
3 项目监理机构及其设施	**3** 项目监理机构及其设施	增加"一般规定"。
3.1 一般规定	**3.1** 项目监理机构	内容属于一般性规定和要求，而且能保证《规范》在格式方面的一致性。
3.1.1 工程监理单位实施监理时，应在施工现场派驻项目监理机构。项目监理机构的组织形式和规模，可根据建设工程监理合同约定的服务内容、服务期限，以及工程特点、规模、技术复杂程度、环境等因素确定。	**3.1.1** 监理单位履行施工阶段的委托监理合同时，必须在施工现场建立项目监理机构。项目监理机构在完成委托监理合同约定的监理工作后可撤离施工现场。 **3.1.2** 项目监理机构的组织形式和规模，应根据委托监理合同规定的服务内容、服务期限、工程类别、规模、技术复杂程度、工程环境等因素确定。	为使逻辑性更强，将旧《规范》3.1.1和3.1.2合并，并将项目监理机构撤离施工现场的内容放到新《规范》3.1.6条中。

新《规范》	旧《规范》	说　明
3.1.2 项目监理机构的监理人员应由总理工程师、专业监理工程师和监理员组成，且专业配套、数量应满足建设工程监理工作需要，必要时可设总监理工程师代表。	**3.1.3** 监理人员应包括总监理工程师、专业监理工程师和监理员，必要时可配备总监理工程师代表。 　总监理工程师应由具有三年以上同类工程监理工作经验的人员担任；总监理工程师代表应由具有二年以上同类工程监理工作经验的人员担任；专业监理工程师应具有一年以上同类工程监理工作经验的人员担任。 　项目监理机构的监理人员应专业配套、数量满足工程项目监理工作的需要。	将"总监理工程师"、"总监理工程师代表"、"专业监理工程师"的任职资格移到"术语"中明确。
3.1.3 工程监理单位在建设工程监理合同签订后，应及时将项目监理机构的组织形式、人员构成及对总监理工程师的任命书面通知建设单位。 　总监理工程师任命书应按本规范表A.0.1的要求填写。	**3.1.4** 监理单位应于委托监理合同签订后十天内将项目监理机构的组织形式、人员构成及对总监理工程师的任命书面通知建设单位。当总监理工程师需要调整时，监理单位应征得建设单位同意并书面通知建设单位；当专业监理工程师需要调整时，总监理工程师应书面通知建设单位和承包单位。	将旧《规范》3.1.4条拆分为两条3.1.3和3.1.4，并引出总监理工程师任命书。 　去除了通知建设单位的时间限制和通知承包单位，更符合《规范》的定位。
3.1.4 工程监理单位调换总监理工程师时，应征得建设单位同意；调换专业监理工程师时，总监理工程师应书面通知建设单位。		
3.1.5 一名注册监理工程师可担任一项建设工程监理合同的总监理工程师。当需要同时担任多项建设工程监理合同的总监理工程师时，应经建设单位同意，且最多不得超过三项。	**3.2.1** 一名总监理工程师只宜担任一项委托监理合同的项目总监理工程师工作。当需要同时担任多项委托监理合同的项目总监理工程师工作时，须经建设单位同意，且最多不得超过三项。	修改了个别文字。
3.1.6 施工现场监理工作全部完成或建设工程监理合同终止时，项目监理机构可撤离施工现场。		从旧《规范》3.1.1中分离出来，并进一步明确了项目监理机构撤离施工现场的前提。
3.2　监理人员职责	**3.2　监理人员的职责**	
3.2.1 总监理工程师应履行下列职责：	**3.2.2** 总监理工程师应履行以下职责：	
1　确定项目监理机构人员及其岗位职责。	1　确定项目监理机构人员的分工和岗位职责；	修改个别文字。
2 组织编制监理规划，审批监理实施细则。	2　主持编写项目监理规划、审批项目监理实施细则，并负责管理项目监理机构的日常工作；	明确了总监理工程师的组织职责，且"负责管理项目监理机构的日常工作"的意思已在术语"总监理工程师"处表述。

新《规范》	旧《规范》	说　明
3 根据工程进展及监理工作情况调配监理人员，检查监理人员工作。	4 检查和监督监理人员的工作，根据工程项目的进展情况可进行监理人员调配，对不称职的监理人员应调换其工作；	修改个别文字。
4 组织召开监理例会。	5 主持监理工作会议，签发项目监理机构的文件和指令；	将"监理工作会议"明确为"监理例会"；将"签发项目监理机构的文件和指令"移至职责7并明确了具体指令。
5 组织审核分包单位资格。	3 审查分包单位的资质，并提出审查意见；	明确了总监理工程师的组织职责。
6 组织审查施工组织设计、（专项）施工方案。	6 审定承包单位提交的开工报告、施工组织设计、技术方案、进度计划；	将"开工报告的审查"移至职责7，并根据《建设工程安全生产管理条例》增加了专项施工方案的审查。
7 审查开复工报审表，签发工程开工令、暂停令和复工令。		明确了总监理工程师签发的指令。
8 组织检查施工单位现场质量、安全生产管理体系的建立及运行情况。		根据《建设工程质量管理条例》、《建设工程安全生产管理条例》增加，并与《建设工程监理合同（示范文本）》GF-2012-0202一致。
9 组织审核施工单位的付款申请，签发工程款支付证书，组织审核竣工结算。	7 审核签署承包单位的申请、支付证书和竣工结算；	明确了总监理工程师的组织职责。
10 组织审查和处理工程变更。	8 审查和处理工程变更；	明确了总监理工程师的组织职责。
11 调解建设单位与施工单位的合同争议，处理工程索赔。	10 调解建设单位与承包单位的合同争议、处理索赔、审批工程延期；	工程索赔既包括"费用索赔"，也包括"工程延期"。
12 组织验收分部工程，组织审查单位工程质量检验资料。	12 审核签认分部工程和单位工程的质量检验评定资料，审查承包单位的竣工申请，组织监理人员对待验收的工程项目进行质量检查，参与工程项目的竣工验收；	明确了总监理工程师的组织职责，将旧《规范》职责12后半部分列为职责13，明确了总监理工程师对工程竣工预验收和编制工程质量评估报告的组织职责。
13 审查施工单位的竣工申请，组织工程竣工预验收，组织编写工程质量评估报告，参与工程竣工验收。		
14 参与或配合工程质量安全事故的调查和处理。	9 主持或参与工程质量事故的调查；	增加了"参与或配合安全事故的调查和处理"职责。
15 组织编写监理月报、监理工作总结，组织整理监理文件资料。	11 组织编写并签发监理月报、监理工作阶段报告、专题报告和项目监理工作总结； 13 主持整理工程项目的监理资料。	将旧《规范》中职责11和13合并。

新《规范》	旧《规范》	说　明
3.2.2　总监理工程师不得将下列工作委托给总监理工程师代表：	**3.2.4**　总监理工程师不得将下列工作委托总监理工程师代表：	取消旧《规范》"3.2.3 总监理工程师代表应履行以下职责："的内容，只明确总监理工程师不得委托的职责。
1　组织编制监理规划，审批监理实施细则。	1　主持编写项目监理规划、审批项目监理实施细则；	与总监理工程师的职责内容相一致。
2　根据工程进展及监理工作情况调配监理人员。	5　根据工程项目的进展情况进行监理人员的调配，调换不称职的监理人员。	为表述简练而修改个别文字。
3　组织审查施工组织设计、（专项）施工方案。		涉及工程质量、安全生产管理内容的，总监理工程师不得委托给总监理工程师代表。
4　签发工程开工令、暂停令和复工令。	2　签发工程开工/复工报审表、工程暂停令、工程款支付证书、工程竣工报验单； 工程开工/复工报审表应符合附录 A1 表的格式；工程暂停令应符合附录 B2 表的格式；工程款支付证书应符合附录 B3 表的格式；工程竣工报验单应符合附录 A10 表的格式。	表述简练，与《建设工程监理合同（示范文本）》GF-2012-0202 相一致，并将"工程款支付证书的签署"移至职责 5，将"工程竣工报验单的签署"移至职责 7。
5　签发工程款支付证书，组织审核竣工结算。	3　审核签认竣工结算；	将旧《规范》职责 2 "签发工程款支付证书"并入。
6　调解建设单位与施工单位的合同争议，处理工程索赔。	4　调解建设单位与承包单位的合同争议、处理索赔、审批工程延期；	工程索赔既包括"费用索赔"，也包括"工程延期"。
7　审查施工单位的竣工申请，组织工程竣工预验收，组织编写工程质量评估报告，参与工程竣工验收。		涉及工程质量管理内容的，总监理工程师不得委托给总监理工程师代表。
8　参与或配合工程质量安全事故的调查和处理。		涉及工程质量、安全生产管理内容的，总监理工程师不得委托给总监理工程师代表。
3.2.3　专业监理工程师应履行下列职责：	**3.2.5**　专业监理工程师应履行以下职责：	修改个别文字。
1　参与编制监理规划，负责编制监理实施细则。	1　负责编制本专业的监理实施细则；	监理规划涉及各专业的内容，需各专业监理工程师参与编制。
2　审查施工单位提交的涉及本专业的报审文件，并向总监理工程师报告。		进一步明确专业监理工程师职责。
3　参与审核分包单位资格。		进一步明确专业监理工程师职责，并与总监理工程师职责相协调。

新《规范》	旧《规范》	说　明
4 指导、检查监理员工作，定期向总监理工程师报告本专业监理工作实施情况。	**2** 负责本专业监理工作的具体实施； **3** 组织、指导、检查和监督本专业监理员的工作，当人员需要调整时，向总监理工程师提出建议； **6** 定期向总监理工程师提交本专业监理工作实施情况报告，对重大问题及时向总监理工程师汇报和请示；	将旧《规范》职责2、3、6合并，并修改个别文字。
5 检查进场的工程材料、构配件、设备的质量。	**9** 核查进场材料、设备、构配件的原始凭证、检测报告等质量证明文件及其质量情况，根据实际情况认为有必要时对进场材料、设备、构配件进行平行检验，合格时予以签认；	为表述简练而修改。"检查"的内涵比较丰富，包括检查外观质量；核查原始凭证、检测报告等质量保证资料；按规定进行检验、试验等。
6 验收检验批、隐蔽工程、分项工程，参与验收分部工程。	**5** 负责本专业分项工程验收及隐蔽工程验收；	明确了专业监理工程师验收检验批、分部工程的职责。
7 处置发现的质量问题和安全事故隐患。		明确了专业监理工程师对于质量问题、安全事故隐患的监理职责。
8 进行工程计量。	**10** 负责本专业的工程计量工作，审核工程计量的数据和原始凭证。	为表述简练而修改。
9 参与工程变更的审查和处理。	**4** 审查承包单位提交的涉及本专业的计划、方案、申请、变更，并向总监理工程师提出报告；	与总监理工程师的职责相协调。
10 组织编写监理日志，参与编写监理月报。	**7** 根据本专业监理工作实施情况做好监理日记； **8** 负责本专业监理资料的收集、汇总及整理，参与编写监理月报；	将旧《规范》中的职责7和8合并，并明确了监理日志的组织编写者。
11 收集、汇总、参与整理监理文件资料。		与总监理工程师的职责相协调。
12 参与工程竣工预验收和竣工验收。		与总监理工程师的职责相协调。
3.2.4 监理员应履行下列职责：	**3.2.6** 监理员应履行以下职责：	
1 检查施工单位投入工程的人力、主要设备的使用及运行状况。	**2** 检查承包单位投入工程项目的人力、材料、主要设备及其使用、运行状况，并做好检查记录；	为表述简练而修改个别文字。

新《规范》	旧《规范》	说　明
2　进行见证取样。		明确了监理员的"见证取样"职责。
3　复核工程计量有关数据。	3　复核或从施工现场直接获取工程计量的有关数据并签署原始凭证；	为表述简练而修改个别文字。
4　检查工序施工结果。	4　按设计图及有关标准，对承包单位的工艺过程或施工工序进行检查和记录，对加工制作及工序施工质量检查结果进行记录；	为表述简练而修改个别文字。
5　发现施工作业中的问题，及时指出并向专业监理工程师报告。	5　担任旁站工作，发现问题及时指出并向专业监理工程师报告；	旁站工作不只是监理员的工作职责。
	6　做好监理日记和有关的监理记录。	旧《规范》强调了监理日志的编写，而监理日记只是监理人员个人的工作日记。新《规范》未提，只是在术语中作了解释。
3.3　监理设施	**3.3　监理设施**	
3.3.1　建设单位应按建设工程监理合同约定，提供监理工作需要的办公、交通、通信、生活等设施。 项目监理机构宜妥善使用和保管建设单位提供的设施，并应按建设工程监理合同约定的时间移交建设单位。	3.3.1　建设单位应提供委托监理合同约定的满足监理工作需要的办公、交通、通讯、生活设施。项目监理机构应妥善保管和使用建设单位提供的设施，并应在完成监理工作后移交建设单位。	为更具可操作性，修改了项目监理机构移交"建设单位提供的设施"的时间。
3.3.2　工程监理单位宜按建设工程监理合同约定，配备满足监理工作需要的检测设备和工器具。	3.3.2　项目监理机构应根据工程项目类别、规模、技术复杂程度、工程项目所在地的环境条件，按委托监理合同的约定，配备满足监理工作需要的常规检测设备和工具。	监理工作所需的检测设备和工器具均应由工程监理单位统一配备，故将旧《规范》中"项目监理机构……"修改为"工程监理单位……"。
4　监理规划及监理实施细则	**4　监理规划及监理实施细则**	**增加"一般规定"**
4.1　一般规定		保证体例的一致性。
4.1.1　监理规划应结合工程实际情况，明确项目监理机构的工作目标，确定具体的监理工作制度、内容、程序、方法和措施。	4.1.1　监理规划的编制应针对项目的实际情况，明确项目监理机构的工作目标，确定具体的监理工作制度、程序、方法和措施，并应具有可操作性。	修改个别文字。
4.1.2　监理实施细则应符合监理规划的要求，并应具有可操作性。	4.2.1　对中型及以上或专业性强的工程项目，项目监理机构应编制监理实施细则。监理实施细则应符合监理规划的要求，并应结合工程项目的专业特点，做到详细具体、具有可操作性。	将旧《规范》4.2.1 后半部分修改个别文字后纳入"一般规定"。

新《规范》	旧《规范》	说　明
4.2　监理规划	**4.1　监理规划**	
4.2.1　监理规划可在签订建设工程监理合同及收到工程设计文件后由总监理工程师组织编制，应在召开第一次工地会议前报送建设单位。	4.1.2　监理规划编制的程序与依据应符合下列规定： 1　监理规划应在签订委托监理合同及收到设计文件后开始编制，完成后必须经监理单位技术负责人审核批准，并应在召开第一次工地会议前报送建设单位。 2　监理规划应由总监理工程师主持、专业监理工程师参加编制； 3　编制监理规划应依据： ——建设工程的相关法律、法规及项目审批文件； ——与建设工程项目有关的标准、设计文件、技术资料； ——监理大纲、委托监理合同文件以及与建设工程项目相关的合同文件。	将旧《规范》4.1.2中监理规划编制的前提条件及报送要求单独列为4.2.1；将监理规划的编审单独列为4.2.2。 因监理规划编制依据与监理工作依据重复而删除。
4.2.2　监理规划编审应遵循下列程序： 1　总监理工程师组织专业监理工程师编制。 2　总监理工程师签字后由工程监理单位技术负责人审批。		
4.2.3　监理规划应包括下列主要内容： 1　工程概况。 2　监理工作的范围、内容、目标。 3　监理工作依据。 4　监理组织形式、人员配备及进退场计划、监理人员岗位职责。 5　监理工作制度。 6　工程质量控制。 7　工程造价控制。 8　工程进度控制。 9　安全生产管理的监理工作。 10　合同与信息管理。 11　组织协调。 12　监理工作设施。	4.1.3　监理规划主要内容： 1　工程项目概况； 2　监理工作范围； 3　监理工作内容； 4　监理工作目标； 5　监理工作依据； 6　项目监理机构的组织形式； 7　项目监理机构的人员配备计划； 8　项目监理机构的人员岗位职责； 9　监理工作程序； 10　监理工作方法及措施； 11　监理工作制度； 12　监理设施。	将旧《规范》中2、3、4合并；6、7、8合并，并增加人员进退场计划；将监理工作程序、方法及措施具体明确为工程质量、造价、进度控制，合同与信息管理、组织协调，并增加了安全生产管理的监理工作。
4.2.4　在实施建设工程监理过程中，实际情况或条件发生变化而需要调整监理规划时，应由总监理工程师组织专业监理工程师修改，并应经工程监理单位技术负责人批准后报建设单位。	4.1.4　在监理工作实施过程中，如实际情况或条件发生重大变化而需要调整监理规划时，应由总监理工程师组织专业监理工程师研究修改，按原报审程序经过批准后报建设单位。	因有"需要调整监理规划时"的限定条件，故删除"重大"二字；将"按原报审程序经过批准"明确为"经工程监理单位技术负责人批准"。
4.3　监理实施细则	**4.2　监理实施细则**	
4.3.1　对专业性较强、危险性较大的分部分项工程，项目监理机构应编制监理实施细则。	4.2.1　对中型及以上或专业性较强的工程项目，项目监理机构应编制监理实施细则。监理实施细则应符合监理规划的要求，并应结合工程项目的专业特点，做到详细具体、具有可操作性。	删除了"中型及以上"的不确切提法；按照《建设工程安全生产管理条例》增加了"危险性较大的分部分项工程"。 旧《规范》4.2.1后半部分已在4.1.2中体现。

新《规范》	旧《规范》	说　明
4.3.2 监理实施细则应在相应工程施工开始前由专业监理工程师编制，并应报总监理工程师审批。	**4.2.2** 监理实施细则的编制程序与依据应符合下列规定： 1 监理实施细则应在相应工程施工开始前编制完成，并必须经总监理工程师批准； 2 监理实施细则应由专业监理工程师编制； 3 编制监理实施细则的依据： ——已批准的监理规划； ——与专业工程相关的标准、设计文件和技术资料； ——施工组织设计。	将原《规范》4.2.2中的编审程序单独列为4.3.2；将编制依据单独列为4.3.3，并增加了（专项）施工方案。
4.3.3 监理实施细则的编制应依据下列资料： 1 监理规划。 2 工程建设标准、工程设计文件。 3 施工组织设计、（专项）施工方案。		
4.3.4 监理实施细则应包括下列主要内容： 1 专业工程特点。 2 监理工作流程。 3 监理工作要点。 4 监理工作方法及措施。	**4.2.3** 监理实施细则应包括下列主要内容： 1 专业工程的特点； 2 监理工作的流程； 3 监理工作的控制要点及目标值； 4 监理工作的方法及措施。	修改个别文字。
4.3.5 在实施建设工程监理过程中，监理实施细则可根据实际情况进行补充、修改，并应经总监理工程师批准后实施。	**4.2.4** 在监理工作实施过程中，监理实施细则应根据实际情况进行补充、修改和完善。	修改个别文字并增加了"经总监理工程师批准后实施"。
5 工程质量、造价、进度控制及安全生产管理的监理工作	**5 施工阶段的监理工作**	旧《规范》的名称"施工阶段的监理工作"涵盖了第6章内容。
5.1 一般规定	**5.1 制定监理工作程序的一般规定** **5.2 施工准备阶段的监理工作** **5.3 工地例会**	将工程质量、造价、进度三大目标控制及安全生产管理的监理工作中共同遵循的原则及共性工作内容列入一般规定。
5.1.1 项目监理机构应根据建设工程监理合同约定，遵循动态控制原理，坚持预防为主的原则，制定和实施相应的监理措施，采用旁站、巡视和平行检验等方式对建设工程实施监理。	**5.1.1** 制定监理工作总程序应根据专业工程特点，并按工作内容分别制定具体的监理工作程序。 **5.1.2** 制定监理工作程序应体现事前控制和主动控制的要求。 **5.1.3** 制定监理工作程序应结合工程项目的特点，注重监理工作的效果。监理工作程序中应明确工作内容、行为主体、考核标准、工作时限。 **5.1.4** 当涉及到建设单位和承包单位的工作时，监理工作程序应符合委托监理合同和施工合同的规定。 **5.1.5** 在监理工作实施过程中，应根据实际情况的变化对监理工作程序进行调整和完善。	将旧《规范》中的制定监理工作程序及工程项目目标控制要求合并为一条，并强调了监理方式。

新《规范》	旧《规范》	说　明
5.1.2　监理人员应熟悉工程设计文件，并应参加建设单位主持的图纸会审和设计交底会议，会议纪要应由总监理工程师应签认。	**5.2.1**　在设计交底前，总监理工程师应组织监理人员熟悉设计文件，并对图纸中存在的问题通过建设单位向设计单位提出书面意见和建议。 **5.2.2**　项目监理人员应参加由建设单位组织的设计技术交底会，总监理工程师应对设计技术交底会议纪要进行签认。	旧《规范》中5.2.1和5.2.2属于同一件事情，故合并。项目监理机构"对图纸中存在的问题通过建设单位向设计单位提出书面意见和建议"放入条文说明中。
5.1.3　工程开工前，监理人员应参加由建设单位主持召开的第一次工地会议，会议纪要由项目监理机构负责整理，与会各方代表应会签。	**5.2.9**　工程项目开工前，监理人员应参加由建设单位主持召开的第一次工地会议。 **5.2.10**　第一次工地会议应包括以下主要内容： 　1　建设单位、承包单位和监理单位分别介绍各自驻现场的组织机构、人员及其分工； 　2　建设单位根据委托监理合同宣布对总监理工程师的授权； 　3　建设单位介绍工程开工准备情况； 　4　承包单位介绍施工准备情况； 　5　建设单位和总监理工程师对施工准备情况提出意见和要求； 　6　总监理工程师介绍监理规划的主要内容； 　7　研究确定各方在施工过程中参加工地例会的主要人员，召开工地例会周期、地点及主要议题。 **5.2.11**　第一次工地会议纪要应由项目监理机构负责起草，并经与会各方代表会签。	旧《规范》中5.2.9、5.2.10和5.2.11属于同一件事情，且工程监理实践中项目监理机构已对第一工地会议的内容十分熟悉，故将会议内容放入条文说明。
5.1.4　项目监理机构应定期召开监理例会，并组织有关单位研究解决与监理相关的问题。项目监理机构可根据工程需要，主持或参加专题会议，解决监理工作范围内工程专项问题。 　监理例会以及由项目监理机构主持召开的专题会议的会议纪要，应由项目监理机构负责整理，与会各方代表应会签。	**5.3.1**　在施工过程中，总监理工程师应定期主持召开工地例会。会议纪要应由项目监理机构负责起草，并经与会各方代表会签。 **5.3.2**　工地例会应包括以下主要内容： 　1　检查上次例会议定事项的落实情况，分析未落实事项原因； 　2　检查分析工程项目进度计划完成情况，提出下一阶段进度目标及其落实措施； 　3　检查分析工程项目质量状况，针对存在的质量问题提出改进措施； 　4　检查工程量核定及工程款支付情况； 　5　解决需要协调的有关事项； 　6　其他有关事宜。 **5.3.3**　总监理工程师或专业监理工程师应根据需要及时组织专题会议，解决施工过程中的各种专项问题。	将旧《规范》中"工地例会"统一改为"监理例会"，因这样的会议通常主要解决与工程监理相关的问题。 旧《规范》中明确，总监理工程师定期主持召开工地例会，而在总监理工程师不得委托总监理工程师代表的工作中又未列出此项内容。修订后的《规范》中只强调由项目监理机构主持监理例会，说明该项工作也可由总监理工程师委托总监理工程师代表或专业监理工程师完成。 与第一次工地会议相同，修订后的《规范》将监理例会（工地例会）的主要内容放入条文说明。

新《规范》	旧《规范》	说　明
5.1.5 项目监理机构应协调工程建设相关方的关系。项目监理机构与工程建设相关方之间的工作联系，除另有规定外宜采用工作联系单形式进行。 　　工作联系单应按本规范表 C.0.1 的要求填写。		新增条款，主要强调项目监理机构的"协调"职责，并将"监理工作联系单"改为"工作联系单"，明确工程建设参与各方均可使用该联系单。
5.1.6 项目监理机构应审查施工单位报审的施工组织设计，符合要求时，应由总监理工程师签认后报建设单位。项目监理机构应要求施工单位按已批准的施工组织设计组织施工。施工组织设计需要调整时，项目监理机构应按程序重新审查。 　　施工组织设计审查应包括下列基本内容： 　　1　编审程序应符合相关规定。 　　2　施工进度、施工方案及工程质量保证措施应符合施工合同要求。 　　3　资金、劳动力、材料、设备等资源供应计划应满足工程施工需要。 　　4　安全技术措施应符合工程建设强制性标准。 　　5　施工总平面布置应科学合理。 **5.1.7** 施工组织设计或（专项）施工方案报审表，应按本规范表 B.0.1 的要求填写。	**5.2.3** 工程项目开工前，总监理工程师应组织专业监理工程师审查承包单位报送的施工组织设计（方案）报审表，提出审查意见，并经总监理工程师审核、签认后报建设单位。施工组织设计（方案）报审表应符合附录 A2 表的格式。 **5.4.1** 在施工过程中，当承包单位对已批准的施工组织设计进行调整、补充或变动时，应经专业监理工程师审查，并应由总监理工程师签认。	新《规范》强调了施工组织设计的审查内容，并将调整后的审查并入本条；将施工方案的审查作为工程质量控制内容分列在 5.2 工程质量控制中。
5.1.8 总监理工程师应组织专业监理工程师审查施工单位报送的工程开工报审表及相关资料；同时具备下列条件时，应由总监理工程师签署审核意见，并应报建设单位批准后，总监理工程师签发工程开工令： 　　1　设计交底和图纸会审已完成。 　　2　施工组织设计已由总监理工程师签认。 　　3　施工单位现场质量、安全生产管理体系已建立，管理及施工人员已到位，施工机械具备使用条件，主要工程材料已落实。 　　4　进场道路及水、电、通信等已满足开工要求。 **5.1.9** 工程开工报审表应按本规范表 B.0.2 的要求填写。工程开工令应按本规范表 A.0.2 的要求填写。	**5.2.8** 专业监理工程师应审查承包单位报送的工程开工报审表及相关资料，具备以下开工条件时，由总监理工程师签发，并报建设单位： 　　1　施工许可证已获政府主管部门批准； 　　2　征地拆迁工作能满足工程进度的需要； 　　3　施工组织设计已获总监理工程师批准； 　　4　承包单位现场管理人员已到位，机具、施工人员已进场，主要工程材料已落实； 　　5　进场道路及水、电、通讯等已满足开工要求。	旧《规范》中要求项目监理机构审查"施工许可证已获政府主管部门批准和征地拆迁工作能满足工程进度的需要"，而这属于建设单位职责，项目监理机构往往无法进行检查。因此，修订后的《规范》删除此要求。修订后的《规范》要求，总监理工程师组织审查完开工条件后，需要报建设单位批准后，才能签发工程开工令。

新《规范》	旧《规范》	说　明
5.1.10　分包工程开工前，项目监理机构应审核施工单位报送的分包单位资格报审表，专业监理工程师提出审查意见后，由总监理工程师审核签认。 分包单位资格审核应包括以下基本内容： 　1　营业执照、企业资质等级证书。 　2　安全生产许可文件。 　3　类似工程业绩。 　4　专职管理人员和特种作业人员的资格。 5.1.11　分包单位资格报审表应按本规范表 B.0.4 的要求填写。	5.2.5　分包工程开工前，专业监理工程师应审查承包单位报送的分包单位资格报审表和分包单位有关资质资料，符合有关规定后，由总监理工程师予以签认。 分包单位资格报审表应符合附录 A3 表的格式。 5.2.6　对分包单位资格应审核以下内容： 　1　分包单位的营业执照、企业资质等级证书、特殊行业施工许可证、国外（境外）企业在国内承包工程许可证； 　2　分包单位的业绩； 　3　拟分包工程的内容和范围； 　4　专职管理人员和特种作业人员的资格证、上岗证。	旧《规范》5.2.5 和 5.2.6 属于同一件事情，故合并。在分包单位资格审核的基本内容中，依照《建设工程安全生产管理条例》增加了"安全生产许可文件"的要求；去掉了"拟分包的内容和范围"（对范围和内容的要求已体现在 A.0.4 表中），对分包单位的业绩要求改为"类似工程业绩"；去掉了对"特殊行业施工许可证、国外（境外）企业在国内承包工程许可证"的提法，作为国标强调通用性，仅提出了审核的基本内容，其他一些特殊要求由行业规范予以明确。
5.1.12　项目监理机构宜根据工程特点、施工合同、工程设计文件及经过批准的施工组织设计对工程风险进行分析，并宜提出工程质量、造价、进度目标控制及安全生产管理的防范性对策。	5.5.3　项目监理机构应依据施工合同有关条款、施工图，对工程项目造价目标进行风险分析，并应制定防范性对策。 5.6.2　专业监理工程师应依据施工合同有关条款、施工图及经过批准的施工组织设计制定进度控制方案，对进度目标进行风险分析，制定防范性对策，经总监理工程师审定后报送建设单位。	旧《规范》5.5.3 和 5.6.2 合并，并综合考虑工程质量、造价、进度三大目标控制及安全生产管理的监理工作。
5.2　工程质量控制	**5.4　工程质量控制工作**	
5.2.1　工程开工前，项目监理机构应审查施工单位现场的质量管理组织机构、管理制度及专职管理人员和特种作业人员的资格。	5.2.4　工程项目开工前，总监理工程师应审查承包单位现场项目管理机构的质量管理体系、技术管理体系和质量保证体系，确能保证工程项目施工质量时予以确认。对质量管理体系、技术管理体系和质量保证体系应审核以下内容： 　1　质量管理、技术管理和质量保证的组织机构； 　2　质量管理、技术管理制度； 　3　专职管理人员和特种作业人员的资格证、上岗证。	考虑到实际操作中许多具体检查、审查工作由专业监理工程师负责实施，故将审查主体由原来的"总监理工程师"改为"项目监理机构"，并简化了文字。

新《规范》	旧《规范》	说　明
5.2.2　总监理工程师应组织专业监理工程师审查施工单位报审的施工方案，符合要求后予以签认。 　施工方案审查应包括下列基本内容： 　1　编审程序应符合相关规定。 　2　工程质量保证措施应符合有关标准。 5.2.3　施工方案报审表应按本规范表B.0.1的要求填写。	5.2.3　工程项目开工前，总监理工程师应组织专业监理工程师审查承包单位报送的施工组织设计（方案）报审表，提出审查意见，并经总监理工程师审核、签认后报建设单位。 　施工组织设计（方案）报审表应符合附录A2表的格式。 5.4.2　专业监理工程师应要求承包单位报送重点部位、关键工序的施工工艺和确保工程质量的措施，审核同意后予以签认。	审查施工方案作为工程质量控制的重要措施，将其分列出来，并明确了审查的基本内容。
5.2.4　专业监理工程师应审查施工单位报送的新材料、新工艺、新技术、新设备的质量认证材料和相关验收标准的适用性，必要时，应要求施工单位组织专题论证，审查合格后报总监理工程师签认。	5.4.3　当承包单位采用新材料、新工艺、新技术、新设备时，专业监理工程师应要求承包单位报送相应的施工工艺措施和证明材料，组织专题论证，经审定后予以签认。	对于施工单位采用的新材料、新工艺、新技术、新设备，专业监理工程师应原来审查"施工工艺措施和证明材料"改为"质量认证材料和相关验收标准的适用性"，使其更具可操作性。此外，审查程序由原来的"专业监理工程师经审定后予以签认"改为"由专业监理工程师审查合格后报总监理工程师签认"，与"3.2监理人员职责"相一致。
5.2.5　专业监理工程师应检查、复核施工单位报送的施工控制测量成果及保护措施，签署意见。专业监理工程师应对施工单位在施工过程中报送的施工测量放线成果进行查验。 　施工控制测量成果及保护措施的检查、复核，应包括下列内容： 　1　施工单位测量人员的资格证书及测量设备检定证书。 　2　施工平面控制网、高程控制网和临时水准点的测量成果及控制桩的保护措施。 5.2.6　施工控制测量成果报验表应按本规范表B.0.5的要求填写。	5.2.7　专业监理工程师应按以下要求对承包单位报送的测量放线控制成果及保护措施进行检查，符合要求时，专业监理工程师对承包单位报送的施工测量成果报验申请表予以签认： 　1　检查承包单位专职测量人员的岗位证书及测量设备检定证书； 　2　复核控制桩的校核成果、控制桩的保护措施以及平面控制网、高程控制网和临时水准点的测量成果。 　施工测量成果报验申请表应符合附录A4表的格式。 5.4.4　项目监理机构应对承包单位在施工过程中报送的施工测量放线成果进行复验和确认。	旧《规范》5.2.7和5.4.4属于同一件事情，故合并。 　（1）因控制桩是由规划管理部门向建设单位移交，施工单位仅是对其的引用，故将旧《规范》要求"复核控制桩的校核成果"改为"对控制桩的保护措施"进行检查、复核，与工程实际操作一致。 　（2）将审查主体由"项目监理机构"改为"专业监理工程师"，与"3.2监理人员职责"要求相一致。

新《规范》	旧《规范》	说　明
5.2.7　专业监理工程师应检查施工单位为工程提供服务的试验室。试验室的检查应包括下列内容： 　1　试验室的资质等级及试验范围。 　2　法定计量部门对试验设备出具的计量检定证明。 　3　试验室管理制度。 　4　试验人员资格证书。 5.2.8　施工单位的试验室报审表应按本规范表B.0.7的要求填写。	5.4.5　专业监理工程师应从以下五个方面对承包单位的试验室进行考核： 　1　试验室的资质等级及其试验范围； 　2　法定计量部门对试验设备出具的计量检定证明； 　3　试验室的管理制度； 　4　试验人员的资格证书； 　5　本工程的试验项目及其要求。	旧《规范》仅限于"承包单位的试验室"，新《规范》还包括了施工单位委托的外部试验室。检查试验室，不需要检查"本工程的实验项目及要求"，何况国家有关规范对具体实验项目和指标已有明确规定。此外，明确了试验室报审表式。
5.2.9　项目监理机构应审查施工单位报送的用于工程的材料、构配件、设备的质量证明文件，并应按有关规定、建设工程监理合同约定，对用于工程的材料进行见证取样、平行检验。 　项目监理机构对已进场经检验不合格的工程材料、构配件、设备，应要求施工单位限期将其撤出施工现场。 　工程材料、构配件、设备报审表应按本规范表B.0.6的要求填写。	5.4.6　专业监理工程师应对承包单位报送的拟进场工程材料、构配件和设备的工程材料/构配件/设备报审表及其质量证明资料进行审核，并对进场的实物按照委托监理合同约定或有关工程质量管理文件规定的比例采用平行检验或见证取样方式进行抽检。 　对未经监理人员验收或验收不合格的工程材料、构配件、设备，监理人员应拒绝签认，并应签发监理工程师通知单，书面通知承包单位限期将不合格的工程材料、构配件、设备撤出现场。 　工程材料/构配件/设备报审表应符合附录A9表的格式；监理工程师通知单应符合附录B1表的格式。	新《规范》不再强调项目监理机构通过监理通知要求施工单位对已进场经检验不合格的工程材料、构配件、设备限期撤出施工现场，这是由于"工程材料/构配件/设备报审表"中已有体现。
5.2.10　专业监理工程师应审查施工单位定期提交影响工程质量的计量设备的检查和检定报告。	5.4.7　项目监理机构应定期检查承包单位的直接影响工程质量的计量设备的技术状况。	将"项目监理机构"改为"专业监理工程师"，职责更加明确；将"直接影响工程质量"中的"直接"二字删除，更具可操作性；将"计量设备的技术状况"改为"计量设备的检查和检定报告"，因为监理人员没有技术手段和资格，无法直接对计量设备的技术状况做出判断。

続表

新《規範》	旧《規範》	説　明
5.2.11　项目监理机构应根据工程特点和施工单位报送的施工组织设计，确定旁站的关键部位、关键工序，安排监理人员进行旁站，并应及时记录旁站情况。 　旁站记录应按本规范表 A.0.6 的要求填写。 **5.2.12**　项目监理机构应安排监理人员对工程施工质量巡视。巡视应包括下列主要内容： 　**1**　施工单位是否按工程设计文件、工程建设标准和批准的施工组织设计、（专项）施工方案施工。 　**2**　使用的工程材料、构配件和设备是否合格。 　**3**　施工现场管理人员，特别是施工质量管理人员是否到位。 　**4**　特种作业人员是否持证上岗。 **5.2.13**　项目监理机构应根据工程特点、专业要求，以及建设工程监理合同约定，对施工质量进行平行检验。	**5.4.8**　总监理工程师应安排监理人员对施工过程进行巡视和检查。对隐蔽工程的隐蔽过程、下道工序施工完成后难以检查的重点部位，专业监理工程师应安排监理员进行旁站。	新《规范》明确了施工单位需报送关键部位、关键工序的施工计划，项目监理机构按此计划安排监理人员旁站，并新增了旁站记录表式。 　此外，还明确了巡视的主要内容和对施工质量进行平行检验的要求。
5.2.14　项目监理机构应对施工单位报验的隐蔽工程、检验批、分项工程和分部工程进行验收，对验收合格的应给予签认；对验收不合格的应拒绝签认，同时应要求施工单位在指定的时间内整改并重新报验。 　对已同意覆盖的工程隐蔽部位质量有疑问的，或发现施工单位私自覆盖工程隐蔽部位的，项目监理机构应要求施工单位对该隐蔽部位进行钻孔探测，剥离或其他方法进行重新检验。 　隐蔽工程、检验批、分项工程报验表应按本规范表 B.0.7 的要求填写。分部工程报验表应按本规范表 B.0.8 的要求填写。	**5.4.9**　专业监理工程师应根据承包单位报送的隐蔽工程报验申请表和自检结果进行现场检查，符合要求予以签认。 　对未经监理人员验收或验收不合格的工序，监理人员应拒绝签认，并要求承包单位严禁进行下一道工序的施工。 　隐蔽工程报验申请表应符合附录 A4 表的格式。 **5.4.10**　专业监理工程师应对承包单位报送的分项工程质量评资料进行审核，符合要求后予以签认；总监理工程师应组织监理人员对承包单位报送的分部工程和单位工程质量验评资料进行审核和现场检查，符合要求后予以签认。	新《规范》增加了检验批的验收，并将隐蔽工程、检验批、分项工程和分部工程的验收要求合并。此外，新增了"对已同意覆盖的工程隐蔽部位质量有疑问的，或发现施工单位私自覆盖工程隐蔽部位的，项目监理机构应要求施工单位对该隐蔽部位进行钻孔探测或揭开其他方法，进行重新检验。"与依照九部委《标准施工招标文件》（2007 版）"第四章 合同条款及格式"的相关约定相一致。 　还新增了 A.0.8 表，明确了分部工程验收由总监理工程师签认。
5.2.15　项目监理机构发现施工存在质量问题的，或施工单位采用不适当的施工工艺，或施工不当，造成工程质量不合格的，应及时签发监理通知，要求施工单位整改。整改完毕后，项目监理机构应根据施工单位报送的监理通知回复单对整改情况进行复查，提出复查意见。 　监理通知应按本规范表 A.0.3 的要求填写，监理通知回复单应按本规范表 B.0.9 的要求填写。	**5.4.11**　对施工过程中出现的质量缺陷，专业监理工程师应及时下达监理工程师通知，要求承包单位整改，并检查整改结果。	新《规范》明确了监理通知签发的具体范围，同时，新增了施工单位对监理通知的书面回复。

18

新《规范》	旧《规范》	说　明
5.2.16　对需要返工处理或加固补强的质量缺陷，项目监理机构应要求施工单位报送经设计等相关单位认可的处理方案，并对质量缺陷的处理过程进行跟踪检查，同时应对处理结果进行验收。	5.4.13　对需要返工处理或加固补强的质量事故，总监理工程师应责令承包单位报送质量事故调查报告和经设计单位等相关单位认可的处理方案，项目监理机构应对质量事故的处理过程和处理结果进行跟踪检查和验收。 总监理工程师应及时向建设单位及本监理单位提交有关质量事故的书面报告，并应将完整的质量事故处理记录整理归档。	考虑"质量缺陷"和"质量事故"有不同的处理程序，故将旧《规范》5.4.13进行了拆分。
5.2.17　对需要返工处理或加固补强的质量事故，项目监理机构应要求施工单位报送质量事故调查报告和经设计等相关单位认可的处理方案，并应对质量事故的处理过程进行跟踪检查，同时应对处理结果进行验收。 项目监理机构应及时向建设单位提交质量事故书面报告，并应将完整的质量事故处理记录整理归档。		
5.2.18　项目监理机构应审查施工单位提交的单位工程竣工验收报审表及竣工资料，组织工程竣工预验收。存在问题的，应要求施工单位及时整改；合格的，总监理工程师应签认单位工程竣工验收报审表。 单位工程竣工验收报审表应按本规范表B.0.10的要求填写。	5.7.1　总监理工程师应组织专业监理工程师，依据有关法律、法规、工程建设强制性标准、设计文件及施工合同，对承包单位报送的竣工资料进行审查，并对工程质量进行竣工预验收。对存在的问题，应及时要求承包单位整改。整改完毕由总监理工程师签署工程竣工报验单，并应在此基础上提出工程质量评估报告。工程质量评估报告应经总监理工程师和监理单位技术负责人审核签字。	由于工程竣工预验收和编写工程质量评估报告是工程质量控制工作的重要内容，故将旧《规范》5.7.1进行拆分，并明确了将工程质量评估报告报送建设单位的要求，与《建设工程质量管理条例》相一致。
5.2.19　工程竣工预验收合格后，项目监理机构应编写工程质量评估报告，并应经总监理工程师和工程监理单位技术负责人审核签字后报建设单位。		
5.2.20　项目监理机构应参加由建设单位组织的竣工验收，应对验收中提出的整改问题，应督促施工单位及时整改。工程质量符合要求的，总监理工程师应在工程竣工验收报告中签署意见。	5.7.2　项目监理机构应参加由建设单位组织的竣工验收，并提供相关监理资料。对验收中提出的整改问题，项目监理机构应要求承包单位进行整改。工程质量符合要求的，由总监理工程师会同参加验收的各方签署竣工验收报告。	修改个别文字；"提供相关监理资料"的具体内容一并在"7监理文件资料管理"中要求。
5.3　工程造价控制	5.5　工程造价控制工作	

contin续表

新《规范》	旧《规范》	说　明
5.3.1 项目监理机构应按下列程序进行工程计量和付款签证： 1 专业监理工程师对施工单位在工程款支付报审表中提交的工程量和支付金额进行复核，确定实际完成的工程量，提出到期应支付给施工单位的金额，并提出相应的支持性材料。 2 总监理工程师对专业监理工程师的审查意见进行审核，签认后报建设单位审批。 3 总监理工程师根据建设单位的审批意见，向施工单位签发工程款支付证书。 5.3.2 工程款支付报审表应按本规范表B.0.11的要求填写，工程款支付证书应按本规范表A.0.8的要求填写。 5.3.3 项目监理机构应编制月完成工程量统计表，对实际完成量与计划完成量进行比较分析，发现偏差的，应提出调整建议，并应在监理月报中向建设单位报告。	5.5.1 项目监理机构应按下列程序进行工程计量和工程款支付工作： 1 承包单位统计经专业监理工程师质量验收合格的工程量，按施工合同的约定填报工程量清单和工程款支付申请表； 工程款支付申请表应符合附录A5表的格式。 2 专业监理工程师进行现场计量，按施工合同的约定审核工程量清单和工程款支付申请表，并报总监理工程师审定； 3 总监理工程师签署工程款支付证书，并报建设单位。 5.5.5 项目监理机构应按施工合同约定的工程量计算规则和支付条款进行工程量计量和工程款支付。 5.5.9 未经监理人员质量验收合格的工程量，或不符合施工合同规定的工程量，监理人员应拒绝计量和该部分的工程款支付申请。	新《规范》明确了"计量与支付"的有关内容，与九部委《标准施工招标文件》（2007版）"第四章 合同条款及格式"中第17节"计量与支付"相关内容相一致，并突出了项目监理机构关于工程计量和付款签证的工作内容和程序。
5.3.4 项目监理机构应按下列程序进行竣工结算款审核： 1 专业监理工程师审查施工单位提交的竣工结算款支付申请，提出审查意见； 2 总监理工程师对专业监理工程师的审查意见进行审核，签认后报建设单位审批，同时抄送施工单位，并就工程竣工结算事宜与建设单位、施工单位协商；达成一致意见的，根据建设单位审批意见向施工单位签发竣工结算款支付证书；不能达成一致意见的，应按施工合同约定处理。 5.3.5 工程竣工结算款支付报审表应按本规范表B.0.11的要求填写，竣工结算款支付证书应按本规范表A.0.8的要求填写。	5.5.2 项目监理机构应按下列程序进行竣工结算： 1 承包单位按施工合同规定填报竣工结算报表； 2 专业监理工程师审核承包单位报送的竣工结算报表； 3 总监理工程师审定竣工结算报表，与建设单位、承包单位协商一致后，签发竣工结算文件和最终的工程款支付证书报建设单位。 5.5.8 项目监理机构应及时按施工合同的有关规定进行竣工结算，并应对竣工结算的价款总额与建设单位和承包单位进行协商。当无法协商一致时，应按本规范第6.5节的规定进行处理。	新《规范》明确了竣工结算有关内容，与九部委《标准施工招标文件》（2007版）"第四章 合同条款及格式"中第17节"计量与支付"相关内容相一致，并突出了项目监理机构关于竣工结算款审核的工作内容和程序。
5.4　工程进度控制	**5.6　工程进度控制工作**	

20

新《规范》	旧《规范》	说　明
5.4.1　项目监理机构应审查施工单位报审的施工总进度计划和阶段性施工进度计划，提出审查意见，由总监理工程师审核后报建设单位。 施工进度计划审查应包括下列基本内容： 1　施工进度计划应符合施工合同中工期的约定。 2　施工进度计划中主要工程项目无遗漏，应满足分批投入试运、分批动用的需要，阶段性施工进度计划应满足总进度控制目标的要求。 3　施工顺序的安排应符合施工工艺要求。 4　施工人员、工程材料、施工机械等资源供应计划应满足施工进度计划的需要。 5　施工进度计划应符合建设单位提供的资金、施工图纸、施工场地、物资等施工条件。 5.4.2　施工进度计划报审表应按本规范表B.0.12的要求填写。	5.6.1　项目监理机构应按下列程序进行工程进度控制： 1　总监理工程师审批承包单位报送的施工总进度计划； 2　总监理工程师审批承包单位编制的年、季、月度施工进度计划； 3　专业监理工程师对进度计划实施情况检查、分析； 4　当实际进度符合计划进度时，应要求承包单位编制下一期进度计划；当实际进度滞后于计划进度时，专业监理工程师应书面通知承包单位采取纠偏措施并监督实施。	新《规范》强调了施工进度计划应审查的基本内容，并引出了施工进度计划报审表。
5.4.3　项目监理机构应检查施工进度计划的实施情况，发现实际进度严重滞后于计划进度且影响合同工期时，应签发监理通知单，要求施工单位采取调整措施加快施工进度。总监理工程师应向建设单位报告工期延误风险。	5.6.3　专业监理工程师应检查进度计划的实施，并记录实际进度及其相关情况，当发现实际进度滞后于计划进度时，应签发监理工程师通知单指令承包单位采取调整措施。当实际进度严重滞后于计划进度时应及时报总监理工程师，由总监理工程师与建设单位商定采取进一步措施。 条文5.6.3在实施进行控制过程中，专业监理工程师的主要工作是： 1.检查和记录实际进度完成情况； 2.通过下达监理指令、召开工地例会、各种层次的专题协调会议，督促承包单位按期完成进度计划； 3.当发现实际进度滞后于计划进度时，总监理工程师应指令承包单位采取调整措施。	旧《规范》只说明了实际进度滞后于计划进度的情况，没有说明超前的情况，超前也并不一定是合理的。将一般滞后和严重滞后放在一起说，层次感不强，且规定只是"由总监理工程师与建设单位商定采取进一步措施"。 新《规范》表达更合理，兼顾了滞后与超前的情况。"发现实际进度与计划进度不符时"，均应签发监理通知。 将一般进度不符和严重滞后分开两条说，更有层次。 "总监理工程师应签发监理通知，要求施工单位采取补救措施"更强调监理的作用。

新《规范》	旧《规范》	说　明
5.4.4　项目监理机构应比较分析工程施工实际进度与计划进度，预测实际进度对工程总工期的影响，并应在监理月报中向建设单位报告工程实际进展情况。	5.6.4　总监理工程师应在监理月报中向建设单位报告工程进度和所采取进度控制措施的执行情况，并提出合理预防由建设单位原因导致的工程延期及其相关费用索赔的建议。	新《规范》强调了工程施工实际进度与计划进度的比较分析，以及实际进度对工程总工期影响的预测。强调了预防为主的动态控制思想。
5.5　安全生产管理的监理工作		新增一节。依据《建设工程安全生产管理条例》（国务院令第393号）要求制定。符合监理单位履行建设工程安全生产管理法定职责的需要。
5.5.1　项目监理机构应根据法律法规、工程建设强制性标准，履行建设工程安全生产管理的监理职责，并应将安全生产管理的监理工作内容、方法和措施纳入监理规划及监理实施细则。		
5.5.2　项目监理机构应审查施工单位现场安全生产规章制度的建立和实施情况，并应审查施工单位安全生产许可证及施工单位项目经理、专职安全生产管理人员和特种作业人员的资格，同时应核查施工机械和设施的安全许可验收手续。		
5.5.3　项目监理机构应审查施工单位报审的专项施工方案，符合要求的，应由总监理工程师签认后报建设单位。超过一定规模的危险性较大的分部分项工程的专项施工方案，应检查施工单位组织专家进行论证、审查的情况，以及是否附具安全验算结果。项目监理机构应要求施工单位按已批准的专项施工方案组织施工。专项施工方案需要调整时，施工单位应按程序重新提交项目监理机构审查。 　　专项施工方案审查应包括下列基本内容： 　　1　编审程序应符合相关规定。 　　2　安全技术措施应符合工程建设强制性标准。 5.5.4　专项施工方案报审表应按本规范表B.0.1的要求填写。		
5.5.5　项目监理机构应巡视检查危险性较大的分部分项工程专项施工方案实施情况。发现未按专项施工方案实施时，应签发监理通知单，要求施工单位按照专项施工方案实施。		

新《规范》	旧《规范》	说　明
5.5.6　项目监理机构在实施监理过程中，发现工程存在安全事故隐患时，应签发监理通知单，要求施工单位整改；情况严重时，应签发工程暂停令，并应及时报告建设单位。施工单位拒不整改或不停止施工时，项目监理机构应及时向有关主管部门报送监理报告。 　　监理报告应按本规范表 A.0.4 的要求填写。		
6　工程变更、索赔及施工合同争议处理	**6　施工合同管理的其他工作**	旧《规范》"其他工作"表达不够明确，故修改了本章标题。
6.1　一般规定		新增"一般规定"，保持《规范》编写体例的一致性。
6.1.1　项目监理机构应依据建设工程监理合同约定进行施工合同管理，处理工程暂停及复工、工程变更、索赔及施工合同争议、解除等事宜。		明确项目监理机构的主要工作依据是监理合同，即强调项目监理机构在进行施工合同管理时应依据监理合同中建设单位的授权履行责任、义务和权力。
6.1.2　施工合同终止时，项目监理机构应协助建设单位按施工合同约定处理施工合同终止的有关事宜。		强调项目监理机构处理施工合同终止的主要依据是施工合同。
6.2　工程暂停及复工	**6.1　工程暂停及复工**	
6.2.1　总监理工程师在签发工程暂停令时，可根据停工原因的影响范围和影响程度，确定停工范围，并应按施工合同和建设工程监理合同的约定签发工程暂停令。	6.1.1　总监理工程师在签发工程暂停令时，应根据暂停工程的影响范围和影响程度，按照施工合同和委托监理合同的约定签发。 6.1.3　总监理工程师在签发工程暂停令时，应根据停工原因的影响范围和影响程度，确定工程项目停工范围。	合并了旧《规范》6.1.1 和6.1.3 条，文字表述更加明确、简练。
6.2.2　项目监理机构发现下列情况之一时，总监理工程师应及时签发工程暂停令： 　1　建设单位要求暂停施工且工程需要暂停施工的。 　2　施工单位未经批准擅自施工或拒绝项目监理机构管理的。 　3　施工单位未按审查通过的工程设计文件施工的。 　4　施工单位违反工程建设强制性标准的。 　5　施工存在重大质量、安全事故隐患或发生质量、安全事故的。	6.1.2　在发生下列情况之一时，总监理工程师可签发工程暂停令： 　1　建设单位要求暂停施工、且工程需要暂停施工； 　2　为了保证工程质量而需要进行停工处理； 　3　施工出现了安全隐患，总监理工程师认为有必要停工以消除隐患； 　4　发生了必须暂时停止施工的紧急事件； 　5　承包单位未经许可擅自施工，或拒绝项目监理机构管理。	1. 变"可签发"为"应及时签发"，目的是进一步加强总监理工程师在签发工程暂停令时的职责。 2. 原"5"变为"2"，原"3"变为"5"，使其更符合逻辑和习惯。 3. 增加"3"、"4"两种性质严重，且需要及时作出停工处理的情况；去掉旧《规范》中"2"、"4"两条具有"兜底"性质、自由处置空间过大的条款。

新《规范》	旧《规范》	说　明
6.2.3　总监理工程师签发工程暂停令应征得建设单位同意，在紧急情况下未能事先报告的，应在事后及时向建设单位作出书面报告。 　　工程暂停令应按本规范附录 A.0.5 的要求填写。		新增条款。根据监理合同及相关法规而制定。
6.2.4　暂停施工事件发生时，项目监理机构应如实记录所发生的情况。	**6.1.5**　由于建设单位原因，或其他非承包单位原因导致工程暂停时，项目监理机构应如实记录所发生的实际情况。总监理工程师应在施工暂停原因消失，具备复工条件时，及时签署工程复工报审表，指令承包单位继续施工。	将旧《规范》6.1.5 条拆分为两条，并修改了文字，以增强逻辑严密性。
6.2.5　总监理工程师应会同有关各方按施工合同约定，处理因工程暂停引起的与工期、费用有关的问题。	**6.1.4**　由于非承包单位且非6.1.2 条中2、3、4、5 款原因时，总监理工程师在签发工程暂停令之前，应就有关工期和费用等事宜与承包单位进行协商。 **6.1.7**　总监理工程师在签发工程暂停令到签发工程复工报审表之间的时间内，宜会同有关各方按照施工合同的约定，处理因工程暂停引起的与工期、费用等有关的问题。	考虑到暂停施工可能存在的各种复杂情况，处理工期和费用等有关事宜不可能都在签发暂停令前协商完成，因此，将旧《规范》6.1.4 和 6.1.7 合并，旨在使工程暂停引起的工期、费用的处理更符合工程实际情况，更具有可操作性。
6.2.6　因施工单位原因暂停施工的，项目监理机构应检查、验收施工单位的停工整改过程、结果。		新增条款。进一步明确了在停工期间，项目监理机构的职责。
6.2.7　当暂停施工原因消失、具备复工条件时，施工单位提出复工申请的，项目监理机构应审查施工单位报送的复工报审表及有关材料，符合要求后，总监理工程师应及时签署审查意见，并应报建设单位批准后签发工程复工令；施工单位未提出复工申请的，总监理工程师应根据工程实际情况指令施工单位恢复施工。 　　复工报审表应按本规范表 B.0.3 的要求填写，工程复工令应按本规范表 A.0.7 的要求填写。	**6.1.5**　由于建设单位原因，或其他非承包单位原因导致工程暂停时，项目监理机构应如实记录所发生的实际情况。总监理工程师应在施工暂停原因消失，具备复工条件时，及时签署工程复工报审表，指令承包单位继续施工。 **6.1.6**　由于承包单位原因导致工程暂停，在具备恢复施工条件时，项目监理机构应审查承包单位报送的复工申请及有关材料，同意后由总监理工程师签署工程复工报审表，指令承包单位继续施工。	本条归纳了旧《规范》6.1.5 条（非施工单位原因）和6.1.6 条（施工单位原因）的两种情况，并增加了"施工单位未提出复工申请而工程已具备复工条件"的处理要求，对复工处理的情况进行了完善。

新《规范》	旧《规范》	说　　明
6.3　工程变更	**6.2　工程变更的管理**	修改文字表达，保持一致性。
6.3.1　项目监理机构可按下列程序处理施工单位提出的工程变更： 　1　总监理工程师组织专业监理工程师审查施工单位提出的工程变更申请，提出审查意见。对涉及工程设计文件修改的工程变更，应由建设单位转交原设计单位修改工程设计文件。必要时，项目监理机构应建议建设单位组织设计、施工等单位召开论证工程设计文件的修改方案的专题会议。 　2　总监理工程师组织专业监理工程师对工程变更费用及工期影响作出评估。 　3　总监理工程师组织建设单位、施工单位等共同协商确定工程变更费用及工期变化，会签工程变更单。 　4　项目监理机构根据批准的工程变更文件监督施工单位实施工程变更。 **6.3.2**　工程变更单应按本规范表 C.0.2 的要求填写。	**6.2.1**　项目监理机构应按下列程序处理工程变更： 　1　设计单位对原设计存在的缺陷提出的工程变更，应编制设计变更文件；建设单位或承包单位提出的工程变更，应提交总监理工程师，由总监理工程师组织专业监理工程师审查。审查同意后，应由建设单位转交原设计单位编制设计变更文件。当工程变更涉及安全、环保等内容时，应按规定经有关部门审定。 　2　项目监理机构应了解实际情况和收集与工程变更有关的资料。 　3　总监理工程师必须根据实际情况、设计变更文件和其它有关资料，按照施工合同的有关条款，在指定专业监理工程师完成下列工作后，对工程变更的费用和工期作出评估： 　　1）确定工程变更项目与原工程项目之间的类似程度和难易程度； 　　2）确定工程变更项目的工程量； 　　3）确定工程变更的单价或总价。 　4　总监理工程师应就工程变更费用及工期的评估情况与承包单位和建设单位进行协调。 　5　总监理工程师签发工程变更单。 　工程变更单应符合附录 C2 表的格式，并应包括工程变更要求、工程变更说明、工程变更费用和工期、必要的附件等内容，有设计变更文件的工程变更应附设计变更文件。 　6　项目监理机构应根据工程变更单监督承包单位实施。	1.　主要针对施工单位提出的工程变更（包括施工单位提出的对设计的变更要求），明确了项目监理机构的处理程序和要求。对于建设单位和设计单位提出的工程变更的处理，均属于建设单位设计管理的工作范畴。 2.　旧《规范》第3款包含在新《规范》第2款中。 3.　旧《规范》第3款注重于监理工作的程序性描述，新《规范》将其精炼后侧重于任务描述，形成第3款，具体工作程序在条文说明中。 4.　增加第3款更符合工程实际操作。

新《规范》	旧《规范》	说　明
6.3.3　项目监理机构可在工程变更实施前与建设单位、施工单位等协商确定工程变更的计价原则、计价方法或价款。	6.2.2　项目监理机构处理工程变更应符合下列要求： 　1　项目监理机构在工程变更的质量、费用和工期方面取得建设单位授权后，总监理工程师应按施工合同规定与承包单位进行协商，经协商达成一致后，总监理工程师应将协商结果向建设单位通报，并由建设单位与承包单位在变更文件上签字；	考虑到各类工程施工合同中对计价原则、计价方法或价款计取等规定的多样性，新《规范》对旧《规范》6.2.2的第1、2款进行归纳和精炼，作出了原则性规定，更适用于不同情况的变更计价处理。 此外，将旧《规范》第3款单列一条。
6.3.4　建设单位与施工单位未能就工程变更费用达成协议时，项目监理机构可提出一个暂定价格并经建设单位同意，作为临时支付工程款的依据。工程变更款项最终结算时，应以建设单位与施工单位达成的协议为依据。	2　在项目监理机构未能就工程变更的质量、费用和工期方面取得建设单位授权时，总监理工程师应协助建设单位和承包单位进行协商，并达成一致； 　3　在建设单位和承包单位未能就工程变更的费用等方面达成协议时，项目监理机构应提出一个暂定的价格，作为临时支付工程进度款的依据。该项工程款最终结算时，应以建设单位和承包单位达成的协议为依据。	
6.3.5　项目监理机构可对建设单位要求的工程变更提出评估意见，并应督促施工单位按会签后的工程变更单组织施工。	6.2.3　在总监理工程师签发工程变更单之前，承包单位不得实施工程变更。 6.2.4　未经总监理工程师审查同意而实施的工程变更，项目监理机构不得予以计量。	归纳和精炼了旧《规范》6.2.3条和6.2.4条，重点突出对监理行为的规范。
6.4　费用索赔	**6.3　费用索赔的处理**	修改文字表达，保持一致性。
6.4.1　项目监理机构应及时收集、整理有关工程费用的原始资料，为处理费用索赔提供证据。		增加条款，强调项目监理机构收集索赔原始资料的重要性。
6.4.2　项目监理机构处理费用索赔的主要依据应包括下列内容： 　1　法律法规。 　2　勘察设计文件、施工合同文件。 　3　工程建设标准。 　4　索赔事件的证据。	6.3.1　项目监理机构处理费用索赔应依据下列内容： 　1　国家有关的法律、法规和工程项目所在地的地方法规； 　2　本工程的施工合同文件； 　3　国家、部门和地方有关的标准、规范和定额； 　4　施工合同履行过程中与索赔事件有关的凭证。	文字作适当调整、简练，增加勘察设计文件依据。

新《规范》	旧《规范》	说　明
6.4.3　项目监理机构可按下列程序处理施工单位提出的费用索赔： 　**1**　受理施工单位在施工合同约定的期限内提交的费用索赔意向通知书。 　**2**　收集与索赔有关的资料。 　**3**　受理施工单位在施工合同约定的期限内提交的费用索赔报审表。 　**4**　审查费用索赔报审表。需要施工单位进一步提交详细资料时，应在施工合同约定的期限内发出通知。 　**5**　与建设单位和施工单位协商一致后，在施工合同约定的期限内签发费用索赔报审表，并报建设单位。 **6.4.4**　费用索赔意向通知书应按本规范表 C.0.3 的要求填写；费用索赔报审表应按本规范表 B.0.13 的要求填写。	**6.3.3**　承包单位向建设单位提出费用索赔，项目监理机构应按下列程序处理： 　**1**　承包单位在施工合同规定的期限内向项目监理机构提交对建设单位的费用索赔意向通知书； 　**2**　总监理工程师指定专业监理工程师收集与索赔有关的资料； 　**3**　承包单位在承包合同规定的期限内向项目监理机构提交对建设单位的费用索赔申请表； 　**4**　总监理工程师初步审查费用索赔申请表，符合本规范第 **6.3.2** 条所规定的条件时予以受理； 　**5**　总监理工程师进行费用索赔审查，并在初步确定一个额度后，与承包单位和建设单位进行协商； 　**6**　总监理工程师应在施工合同规定的期限内签署费用索赔审批表，或在施工合同规定的期限内发出要求承包单位提交有关索赔报告的进一步详细资料的通知，待收到承包单位提交的详细资料后，按本条的第 4、5、6 款的程序进行。 　费用索赔审批表应符合附录 B6 表的格式。	修改了文字，强调了以项目监理机构为主体的索赔处理程序。
6.4.5　项目监理机构批准施工单位费用索赔应同时满足下列条件： 　**1**　施工单位在施工合同约定的期限内提出费用索赔。 　**2**　索赔事件是因非施工单位原因造成，且符合施工合同约定。 　**3**　索赔事件造成施工单位直接经济损失。	**6.3.2**　当承包单位提出费用索赔的理由同时满足以下条件时，项目监理机构应予以受理： 　**1**　索赔事件造成了承包单位直接经济损失； 　**2**　索赔事件是由于非承包单位的责任发生的； 　**3**　承包单位已按照施工合同规定的期限和程序提出费用索赔申请表，并附有索赔凭证材料。 　费用索赔申请表应符合附录 A8 表的格式。	调整和修改了文字。
6.4.6　当施工单位的费用索赔要求与工程延期要求相关联时，项目监理机构可提出费用索赔和工程延期的综合处理意见，并应与建设单位和施工单位协商。	**6.3.4**　当承包单位的费用索赔要求与工程延期要求相关联时，总监理工程师在作出费用索赔的批准决定时，应与工程延期的批准联系起来，综合作出费用索赔和工程延期的决定。	调整和修改了文字，强调项目监理机构综合处理费用和工期索赔的能力。

新《规范》	旧《规范》	说　明
6.4.7　因施工单位原因造成建设单位损失，建设单位提出索赔时，项目监理机构应与建设单位和施工单位协商处理。	6.3.5　由于承包单位的原因造成建设单位的额外损失，建设单位向承包单位提出费用索赔时，总监理工程师在审查索赔报告后，应公正地与建设单位和承包单位进行协商，并及时作出答复。	调整和修改了文字。
6.5　工程延期及工期延误	**6.4　工程延期及工程延误的处理**	**修改文字表达，保持一致性。**
6.5.1　施工单位提出工程延期要求符合施工合同约定时，项目监理机构应予以受理。	6.4.1　当承包单位提出工程延期要求符合施工合同文件的规定条件时，项目监理机构应予以受理。	调整和修改了文字。
6.5.2　当影响工期事件具有持续性时，项目监理机构应对施工单位提交的阶段性工程临时延期报审表进行审查，并应签署工程临时延期审核意见后报建设单位。 当影响工期事件结束后，项目监理机构应对施工单位提交的工程最终延期报审表进行审查，并应签署工程最终延期审核意见后报建设单位。 工程临时延期报审表和工程最终延期报审表应本规范表 B.0.14 的要求填写。	6.4.2　当影响工期事件具有持续性时，项目监理机构可在收到承包单位提交的阶段性工程延期申请表并经过审查后，先由总监理工程师签署工程临时延期审批表并通报建设单位。当承包单位提交最终的工程延期申请表后，项目监理机构应复查工程延期及临时延期情况，并由总监理工程师签署工程最终延期审批表。 工程延期申请表应符合附录 A7 表的格式；工程临时延期审批表应符合附录 B4 表的格式；工程最终延期审批表符合附录 B5 表的格式。	调整和修改了文字。
6.5.3　项目监理机构在批准工程临时延期和工程最终延期前，均应与建设单位和施工单位协商。	6.4.3　项目监理机构在作出临时工程延期批准或最终的工程延期批准之前，均应与建设单位和承包单位进行协商。	调整和修改了文字。
6.5.4　项目监理机构批准工程延期应同时满足下列条件： 　1　施工单位在施工合同约定的期限内提出工程延期。 　2　因非施工单位原因造成施工进度滞后。 　3　施工进度滞后影响到施工合同约定的工期。	6.4.4　项目监理机构在审查工程延期时，应依下列情况确定批准工程延期的时间： 　1　施工合同中有关工程延期的约定； 　2　工期拖延和影响工期事件的事实和程度； 　3　影响工期事件对工期影响的量化程度。	调整和修改了文字，将"情况"改为"条件"，更有利于考虑不同工程类别的不同情况。
6.5.5　施工单位因工程延期提出费用索赔时，项目监理机构可按施工合同约定进行处理。	6.4.5　工程延期造成承包单位提出费用索赔时，项目监理机构应按本规范第 6.3 节的规定处理。	调整和修改了文字。

新《规范》	旧《规范》	说　明
6.5.6　发生工期延误时，项目监理机构应按施工合同约定进行处理。	**6.4.6**　当承包单位未能按照施工合同要求的工期竣工交付造成工期延误时，项目监理机构应按施工合同规定从承包单位应得款项中扣除误期损害赔偿费。	调整和修改了文字。
6.6　施工合同争议	**6.5　合同争议的调解**	修改文字表达，保持一致性。
6.6.1　项目监理机构处理施工合同争议时应进行下列工作： 　**1**　了解合同争议情况。 　**2**　及时与合同争议双方进行磋商。 　**3**　提出处理方案后，由总监理工程师进行协调。 　**4**　当双方未能达成一致时，总监理工程师应提出处理合同争议的意见。	**6.5.1**　项目监理机构接到合同争议的调解要求后应进行以下工作： 　**1**　及时了解合同争议的全部情况，包括进行调查和取证； 　**2**　及时与合同争议的双方进行磋商； 　**3**　在项目监理机构提出调解方案后，由总监理工程师进行争议调解； 　**4**　当调解未能达成一致时，总监理工程师应在施工合同规定的期限内提出处理该合同争议的意见； 　**5**　在争议调解过程中，除已达到了施工合同规定的暂停履行合同的条件之外，项目监理机构应要求施工合同的双方继续履行施工合同。	调整和修改了文字，并拆分为两条。
6.6.2　项目监理机构在施工合同争议处理过程中，对未达到施工合同约定的暂停履行合同条件的，应要求施工合同双方继续履行合同。		
	6.5.2　在总监理工程师签发合同争议处理意见后，建设单位或承包单位在施工合同规定的期限内未对合同争议处理决定提出异议，在符合施工合同的前提下，此意见应成为最后的决定，双方必须执行。	已删除，因在施工合同中已有相应依据。
6.6.3　在施工合同争议的仲裁或诉讼过程中，项目监理机构应按仲裁机关或法院要求提供与争议有关的证据。	**6.5.3**　在合同争议的仲裁或诉讼过程中，项目监理机构接到仲裁机关或法院要求提供有关证据的通知后，应公正地向仲裁机关或法院提供与争议有关的证据。	调整和修改了文字。
6.7　施工合同解除	**6.6　合同的解除**	修改文字表达，保持一致性。

新《规范》	旧《规范》	说　明
	6.6.1　施工合同的解除必须符合法律程序。	已删除，施工合同的订立、执行、终止和解除过程均必须符合法律程序，是《合同法》等法律法规的最基本要求，不必在规范中特别强调。
6.7.1　因建设单位原因导致施工合同解除时，项目监理机构应按施工合同约定与建设单位和施工单位按下列款项协商确定施工单位应得款项，并应签发工程款支付证书： 　1　施工单位按施工合同约定已完成的工作应得款项。 　2　施工单位按批准的采购计划订购工作材料、构配件、设备的款项。 　3　施工单位撤离施工设备至原基地或其他目的地的合理费用。 　4　施工单位人员的合理遣返费用。 　5　施工单位合理的利润补偿。 　6　施工合同约定的建设单位应支付的违约金。	**6.6.2**　当建设单位违约导致施工合同最终解除时，项目监理机构应就承包单位按施工合同规定应得到的款项与建设单位和承包单位进行协商，并应按施工合同的规定从下列应得的款项中确定承包单位应得到的全部款项，并书面通知建设单位和承包单位： 　1　承包单位已完成的工程量表中所列的各项工作所得的款项； 　2　按批准的采购计划订购工程材料、设备、构配件的款项； 　3　承包单位撤离施工设备至原基地或其它目的地的合理费用； 　4　承包单位所有人员的合理遣返费用； 　5　合理的利润补偿； 　6　施工合同规定的建设单位应支付的违约金。	调整和修改了文字。
6.7.2　因施工单位原因导致施工合同解除时，项目监理机构应按施工合同约定，从下列款项中确定施工单位应得款项或偿还建设单位的款项，并应与建设单位和施工单位协商后，书面提交施工单位应得款项或偿还建设单位款项的证明： 　1　施工单位已按施工合同约定实际完成的工作应得款项和已给付的款项。 　2　施工单位已提供的材料、构配件、设备和临时工程等的价值。 　3　对已完工程进行检查和验收、移交工程资料、修复已完工程质量缺陷等所需的费用。 　4　施工合同约定的施工单位应支付的违约金。	**6.6.3**　由于承包单位违约导致施工合同终止后，项目监理机构按下列程序清理承包单位的应得款项，或偿还建设单位的相关款项，并书面通知建设单位和承包单位： 　1　施工合同终止时，清理承包单位已按施工合同规定实际完成的工作所应得的款项和已经得到支付的款项； 　2　施工现场余留的材料、设备及临时工程的价值； 　3　对已完工程进行检查和验收、移交工程资料、该部分工程的清理、质量缺陷修复等所需的费用； 　4　施工合同规定的承包单位应支付的违约金； 　5　总监理工程师按照施工合同的规定，在与建设单位和承包单位协商后，书面提交承包单位应得款项或偿还建设单位款项的证明。	调整和修改了文字。

新《规范》	旧《规范》	说　明
6.7.3　因非建设单位、施工单位原因导致施工合同解除时，项目监理机构应按施工合同约定处理合同解除后的有关事宜。	6.6.4　由于不可抗力或非建设单位、承包单位原因导致施工合同终止时，项目监理机构应按施工合同规定处理合同解除后的有关事宜。	调整和修改了文字。
7　监理文件资料管理	**7　施工阶段监理资料的管理**	修改文字表达，保持一致性。
7.1　一般规定	**7.4　监理资料的管理**	增加"一般规定"，部分内容来自旧《规范》7.4.1和7.4.2款。
7.1.1　项目监理机构应建立完善监理文件资料管理制度，宜设专人管理监理文件资料。	7.4.2　监理资料的管理应由总监理工程师负责，并指定专人具体实施。	强调监理文件资料管理制度的完善，并提倡专人管理监理文件资料。"监理资料的管理应由总监理工程师负责"的内容已在总监理工程师职责中体现。
7.1.2　项目监理机构应及时、准确、完整地收集、整理、编制、传递监理文件资料。	7.4.1　监理资料必须及时整理、真实完整、分类有序。	调整和修改了文字。
7.1.3　项目监理机构宜采用信息技术进行监理文件资料管理。		新增条款。为适应近年来信息技术的迅速发展，对监理文件资料管理提出的一个新要求。
7.2　监理文件资料内容	**7.1　监理资料** **7.2　监理月报** **7.3　监理工作总结**	旧《规范》7.1、7.2、7.3合并而成。
7.2.1　监理文件资料应包括下列主要内容： 　1　勘察设计文件、建设工程监理合同及其他合同文件。 　2　监理规划、监理实施细则。 　3　设计交底和图纸会审会议纪要。 　4　施工组织设计、（专项）施工方案、施工进度计划报审文件资料。 　5　分包单位资格报审文件资料。 　6　施工控制测量成果报验文件资料。 　7　总监理工程师任命书，工程开工令、暂停令、复工令，工程开工或复工报审文件资料。 　8　工程材料、构配件、设备报验文件资料。 　9　见证取样和平行检验文件资料。 　10　工程质量检查报验资料及工程有关验收资料。 　11　工程变更、费用索赔及工程延期文件资料。 　12　工程计量、工程款支付文件资料。	7.1.1　施工阶段的监理资料应包括下列内容： 　1　施工合同文件及委托监理合同； 　2　勘察设计文件； 　3　监理规划； 　4　监理实施细则； 　5　分包单位资格报审表； 　6　设计交底与图纸会审会议纪要； 　7　施工组织设计（方案）报审表； 　8　工程开工/复工报审表及工程暂停令； 　9　测量核验资料； 　10　工程进度计划； 　11　工程材料、构配件、设备的质量证明文件； 　12　检查试验资料； 　13　工程变更资料； 　14　隐蔽工程验收资料；	1　对旧《规范》文件资料的内容进行了整合： （1）将原内容1和2合并成1； （2）将原内容3和4合并成2； （3）将原内容7和10合并成4； （4）将原内容12及14和24中的分部工程合并成"10工程质量检查报验资料及工程有关验收资料,"因为,隐蔽工程验收资料只是工程验收资料的一部分，工程验收资料还包括检验批、分部、分项等工程验收资料，旧《规范》表述不全面，因此，新《规范》用工程验收相关资料来包括监理工作中所涉及的验收资料； （5）将原内容24中的单位工程验收资料和27合并成17。

续表

新《规范》	旧《规范》	说　　明
13　监理通知单、工作联系单与监理报告。 **14**　第一次工地会议、监理例会、专题会议等会议纪要。 **15**　监理月报、监理日志、旁站记录。 **16**　工程质量或生产安全事故处理文件资料。 **17**　工程质量评估报告及竣工验收监理文件资料。 **18**　监理工作总结。	15　工程计量单和工程款支付证书； 16　监理工程师通知单； 17　监理工作联系单； 18　报验申请表； 19　会议纪要； 20　来往函件； 21　监理日记； 22　监理月报； 23　质量缺陷与事故的处理文件； 24　分部工程、单位工程等验收资料； 25　索赔文件资料； 26　竣工结算审核意见书； 27　工程项目施工阶段质量评估报告等专题报告； 28　监理工作总结。	2　增加了内容： (1)　对原内容8增加了总监理工程师任命书、工程开工令和复工令，形成内容7； (2)　将原内容13和25合并，同时增加了旧《规范》中缺少的工程延期文件资料，形成内容的11； (3)　将原内容16和17合并，同时增加了监理报告，形成内容13； (4)　将原内容21和22合并，同时增加了旁站记录，形成内容15； (5)　对原内容的"19会议纪要"进行了明确，形成了"14第一次工地会议、监理例会、专题会议等会议纪要；" (6)　对原内容12增加了生产安全事故处理文件资料，形成内容16； (7)　对原内容23明确了见证取样和平行检验文件资料，形成内容9。 3　其他修订内容： (1)　取消了旧《规范》中的18报验申请表和20来往函件；因为报验申请表和来往函件只是一个形式，其内容在相关文件资料中已包含； (2)　统一了用词，将原来的报审表、证明文件等都统一成文件资料。
7.2.2　监理日志应包括下列主要内容： **1**　天气和施工环境情况。 **2**　当日施工进展情况。 **3**　当日监理工作情况，包括旁站、巡视、见证取样、平行检验等情况。 **4**　当日存在的问题及处理情况。 **5**　其他有关事项。		新增内容。目的是为了规范监理日志的内容。

新《规范》	旧《规范》	说　明
7.2.3 监理月报应包括下列主要内容： **1** 本月工程实施情况。 **2** 本月监理工作情况。 **3** 本月施工中存在的问题及处理情况。 **4** 下月监理工作重点。	**7.2.1** 施工阶段的监理月报应包括以下内容： 　1 本月工程概况； 　2 本月工程形象进度； 　3 工程进度： 　1）本月实际完成情况与计划进度比较； 　2）对进度完成情况及采取措施效果的分析。 　4 工程质量： 　1）本月工程质量情况分析； 　2）本月采取的工程质量措施及效果。 　5 工程计量与工程款支付： 　1）工程量审核情况； 　2）工程款审批情况及月支付情况； 　3）工程款支付情况分析； 　4）本月采取的措施及效果。 　6 合同其它事项的处理情况： 　1）工程变更； 　2）工程延期； 　3）费用索赔； 　7 本月监理工作小结： 　1）对本月进度、质量、工程款支付等方面情况的综合评价； 　2）本月监理工作情况； 　3）有关本工程的意见和建议； 　4）下月监理工作的重点。	旧《规范》监理月报所列的内容过于详细，因行业不同、监理委托范围不同、项目不同及项目实施的阶段不同，因此，绝大部分项目监理机构都不能按旧《规范》7.2.1 的监理月报内容编制，同时为保证各类监理文件资料在《规范》中规定深度的统一性，简化了监理月报的组成内容。
	7.2.2 监理月报应由总监理工程师组织编制，签认后报建设单位和本监理单位。	已删除。因监理月报由总监理工程师组织编制并提交建设单位已在总监理工程师职责和"监理月报"术语中明确。
7.2.4 监理工作总结应包括下列主要内容： **1** 工程概况。 **2** 项目监理机构。 **3** 建设工程监理合同履行情况。 **4** 监理工作成效。 **5** 监理工作中发现的问题及其处理情况。 **6** 说明和建议。	**7.3.1** 监理工作总结应包括以下内容： 　1 工程概况； 　2 监理组织机构、监理人员和投入的监理设施； 　3 监理合同履行情况； 　4 监理工作成效； 　5 施工过程中出现的问题及其处理情况和建议； 　6 工程照片（有必要时）。	调整和修改了文字。

新《规范》	旧《规范》	说　明
	7.3.2　施工阶段监理工作结束时，监理单位应向建设单位提交监理工作总结。	已删除。因监理工作总结不是必须要提交给建设单位，因此，只在术语中说明应提交给本监理单位。
7.3　监理文件资料归档	**7.4　监理资料的管理**	**旧《规范》"7.4 监理资料的管理"与章的标题"7 施工阶段监理资料的管理"重复。**
7.3.1　项目监理机构应及时整理、分类汇总监理文件资料，并应按规定组卷，形成监理档案。	7.4.3　监理资料应在各阶段监理工作结束后及时整理归档。	新《规范》进一步明确了项目监理机构对监理文件资料整理和形成监理档案的具体要求。
7.3.2　工程监理单位应根据工程特点和有关规定，保存监理档案，并向有关单位、部门移交需要存档的监理文件资料。	7.4.4　监理档案的编制及保存应按有关规定执行。	新《规范》进一步明确了监理档案由工程监理单位合理确定保存期限，并明确要向有关部门移交。
8　设备采购与设备监造	**8　设备采购监理与设备监造**	**修改了文字**
8.1　一般规定		增加"一般规定"，保证编写体例一致。
8.1.1　项目监理机构应根据建设工程监理合同约定的设备采购与设备监造工作内容配备监理人员，并明确岗位职责。	8.1.1　监理单位应依据与建设单位签订的设备采购阶段的委托监理合同，成立由总监理工程师和专业监理工程师组成的项目监理机构。监理人员应专业配套、数量应满足监理工作的需要，并应明确监理人员的分工及岗位职责。 8.2.1　监理单位应依据与建设单位签订的设备监造阶段的委托监理合同，成立由总监理工程师和专业监理工程师组成的项目监理机构。项目监理机构应进驻设备制造现场。	1."监理单位"改为"项目监理机构"，目的是更能明确开展监理工作的具体责任者； 2.因项目监理机构人员组建、分工及岗位职责、驻场等要求已在新《规范》第3章中作出明确规定，在此不再重复述，因此对旧《规范》文字作了概括和精炼。
8.1.2　项目监理机构应编制设备采购与设备监造工作计划，并应协助建设单位编制设备采购与设备监造方案。	8.1.4　项目监理机构应根据批准的设备采购方案编制设备采购计划，并报建设单位批准。采购计划的主要内容应包括采购设备的明细表、采购的进度安排、估价表、采购的资金使用计划等。 8.2.3　总监理工程师应组织专业监理工程师编制设备监造规划，经监理单位技术负责人审核批准后，在设备制造开始前十天内报送建设单位。	1.将方案、规划和计划编制统一为工作计划，更便于实际操作； 2.采购计划的编制内容在实际工作中因设备类型的多样性和复杂性差异较大，旧《规范》规定的内容不够全面，缺乏针对性； 3.监造规划等同于监理规划，审批程序和报送要求已在新《规范》第4章做了具体要求，不宜重复。

新《规范》	旧《规范》	说　　明
8.2　设备采购	**8.1　设备采购监理**	修改了文字。
8.2.1　采用招标方式进行设备采购时，项目监理机构应协助建设单位按有关规定组织设备采购招标。采用其他方式进行设备采购时，项目监理机构应协助建设单位进行询价。	**8.1.6**　当采用招标方式进行设备采购时，项目监理机构应协助建设单位按照有关规定组织设备采购招标。	修改了文字。
8.2.2　项目监理机构应协助建设单位进行设备采购合同谈判，并应协助签订设备采购合同。	**8.1.8**　项目监理机构应在确定设备供应单位后参与设备采购订货合同的谈判，协助建设单位起草及签订设备采购订货合同。	修改了文字。
	8.1.2　总监理工程师应组织监理人员熟悉和掌握设计文件对拟采购的设备的各项要求、技术说明和有关的标准。	已删除。因相关内容已包含在新《规范》5.1.2中。
	8.1.3　项目监理机构应编制设备采购方案，明确设备采购的原则、范围、内容、程序、方式和方法，并报建设单位批准。	已删除。因相关内容已包含在新《规范》8.1.2中。
	8.1.4　项目监理机构应根据批准的设备采购方案编制设备采购计划，并报建设单位批准。采购计划的主要内容应包括采购设备的明细表、采购的进度安排、估价表、采购的资金使用计划等。	
	8.1.5　项目监理机构应根据建设单位批准的设备采购计划组织或参加市场调查，并应协助建设单位选择设备供应单位。	已删除。因相关内容已包含在新《规范》8.2.1中。
	8.1.7　当采用非招标方式进行设备采购时，项目监理机构应协助建设单位进行设备采购的技术及商务谈判。	
	8.1.9　在设备采购监理工作结束后，总监理工程师应组织编写监理工作总结。	已删除。因相关内容已包含在新《规范》8.2.3中。

続表

新《规范》	旧《规范》	说　明
8.2.3　设备采购文件资料应包括下列主要内容： 　**1**　建设工程监理合同及设备采购合同。 　**2**　设备采购招投标文件。 　**3**　工程设计文件和图纸。 　**4**　市场调查、考察报告。 　**5**　设备采购方案。 　**6**　设备采购工作总结。	**8.3.1**　设备采购监理的监理资料应包括以下内容： 　**1**　委托监理合同； 　**2**　设备采购方案计划； 　**3**　设计图纸和文件； 　**4**　市场调查、考察报告； 　**5**　设备采购招投标文件； 　**6**　设备采购订货合同； 　**7**　设备采购监理工作总结。	修改了文字。
8.3　设备监造	**8.2**　设备监造	
8.3.1　项目监理机构应检查设备制造单位的质量管理体系，并应审查设备制造单位报送的设备制造生产计划和工艺方案。	**8.2.4**　总监理工程师应审查设备制造单位报送的设备制造生产计划和工艺方案，提出审查意见。符合要求后予以批准，并报建设单位。	1.“总监理工程师”改为“项目监理机构”是由于考虑到在实际操作中许多具体检查、审查工作由专业监理工程师负责实施。 2.增加“审查质量管理体系”的目的是强调在开展监造工作前，制造单位质量管理体系的重要性。 3.取消“报建设单位”是由于该监理工作是过程监理，无须再由监理单位报送。
8.3.2　项目监理机构应审查设备制造的检验计划和检验要求，并应确认各阶段的检验时间、内容、方法、标准，以及检测手段、检测设备和仪器。	**8.2.6**　专业监理工程师应审查设备制造的检验计划和检验要求，确认各阶段的检验时间、内容、方法、标准以及检测手段、检测设备和仪器。	“专业监理工程师”改为“项目监理机构”是由于考虑到在实际操作中许多具体检查、审查工作由总监理工程师和专业监理工程师共同配合完成。
8.3.3　专业监理工程师应审查设备制造的原材料、外购配套件、元器件、标准件，以及坯料的质量证明文件及检验报告，并应审查设备制造单位提交的报验资料，符合规定时应予以签认。	**8.2.9**　专业监理工程师应审查设备制造的原材料、外购配套件、元器件、标准件以及坯料的质量证明文件及检验报告，检查设备制造单位对外购器件、外协作加工件和材料的质量验收，并由专业监理工程师审查设备制造单位提交的报验资料，符合规定要求时予以签认。	“外购器件、外协作加工件和材料的质量验收”由设备制造单位负责，并包括设备制造单位提交的报验资料，因此删除旧《规范》中此类内容。
8.3.4　项目监理机构应对设备制造过程进行监督和检查，对主要及关键零部件的制造工序应进行抽检。	**8.2.10**　专业监理工程师应对设备制造过程进行监督和检查，对主要及关键零部件的制造工序应进行抽检或检验。	“专业监理工程师”改为“项目监理机构”是由于考虑到在实际操作中许多具体监督、检查、抽检工作由总监理工程师、专业监理工程师、监理员共同配合完成。

新《规范》	旧《规范》	说　明
8.3.5　项目监理机构应要求设备制造单位按批准的检验计划和检验要求进行设备制造过程的检验工作，并应做好检验记录。项目监理机构应对检验结果进行审核，认为不符合质量要求时，应要求设备制造单位进行整改、返修或返工。当发生质量失控或重大质量事故时，应由总监理工程师签发暂停令，提出处理意见，并应及时报告建设单位。	8.2.11　专业监理工程师应要求设备制造单位按批准的检验计划和检验要求进行设备制造过程的检验工作，做好检验记录，并对检验结果进行审核。专业监理工程师认为不符合质量要求时，指令设备制造单位进行整改、返修或返工。当发生质量失控或重大质量事故时，必须由总监理工程师下达暂停制造指令，提出处理意见，并及时报告建设单位。	
8.3.6　项目监理机构应检查和监督设备的装配过程。	8.2.12　专业监理工程师应检查和监督设备的装配过程，符合要求后予以签认。	
8.3.7　在设备制造过程中如需要对设备的原设计进行变更，项目监理机构应审查设计变更，并应协调处理因变更引起的费用和工期调整，同时应报建设单位批准。	8.2.13　在设备制造过程中如需要对设备的原设计进行变更，专业监理工程师应审核设计变更，并审查因变更引起的费用增减和制造工期的变化。	1."专业监理工程师"改为"项目监理机构"是由于考虑到在实际操作中处理设计变更应由总监理工程师、专业监理工程师根据各自的职责分工协同完成。 2."审查"改为"协商"是由于考虑到费用增减和工期变化在许多情况下是由监理单位与由建设单位、制造单位协商确定的。
8.3.8　项目监理机构应参加设备整机性能检测、调试和出厂验收，符合要求后予以签认。	8.2.14　总监理工程师应组织专业监理工程师参加设备制造过程中的调试、整机性能检测和验证，符合要求后予以签认。	1."总监理工程师应组织专业监理工程师"改为"项目监理机构"是由于考虑到在实际操作中该项工作由总监理工程师、专业监理工程师根据各自的职责分工协同完成。 2.设备制造过程中的调试已包含在新《规范》8.3.5中。
8.3.9　在设备运往现场前，项目监理机构应检查设备制造单位对待运设备采取的防护和包装措施，并应检查是否符合运输、装卸、储存、安装的要求，以及随机文件、装箱单和附件是否齐全。	8.2.15　在设备运往现场前，专业监理工程师应检查设备制造单位对待运设备采取的防护和包装措施，并应检查是否符合运输、装卸、储存、安装的要求，以及相关的随机文件、装箱单和附件是否齐全。	"专业监理工程师"改为"项目监理机构"是由于考虑到在实际操作中检查、验收应由总监理工程师、专业监理工程师、监理员根据各自的职责分工协同完成。

新《规范》	旧《规范》	说　明
8.3.10 设备运到现场后，项目监理机构应参加设备制造单位按合同约定与接收单位的交接工作。	**8.2.16** 设备全部运到现场后，总监理工程师应组织专业监理工程师参加由设备制造单位按合同规定与安装单位的交接工作，开箱清点、检查、验收、移交。	1."总监理工程师应组织专业监理工程师"改为"项目监理机构"是由于考虑到在实际操作中该项工作由总监理工程师、专业监理工程师根据各自的职责分工协同完成。 2. 开箱清点、检查、验收、移交工作应由接收单位完成，旧《规范》不明确，故取消此类内容。
8.3.11 专业监理工程师应按设备制造合同的约定审查设备制造单位提交的付款申请，提出审查意见，并应由总监理工程师审核后签发支付证书。	**8.2.17** 专业监理工程师应按设备制造合同的规定审核设备制造单位提交的进度付款单，提出审核意见，由总监理工程师签发支付证书。	将"审核"改为"审查"；合同的"规定"改为"约定"更准确。
8.3.12 专业监理工程师应审查设备制造单位提出的索赔文件，提出意见后报总监理工程师，并应由总监理工程师与建设单位、设备制造单位协商一致后签署意见。	**8.2.18** 专业监理工程师应审查建设单位或设备制造单位提出的索赔文件，提出意见后报总监理工程师，由总监理工程师与建设单位、设备制造单位进行协商，并提出审核报告。	修改了文字。
8.3.13 专业监理工程师应审查设备制造单位报送的设备制造结算文件，提出审查意见，并应由总监理工程师签署意见后报建设单位。	**8.2.19** 专业监理工程师应审核设备制造单位报送的设备制造结算文件，并提出审核意见，报总监理工程师审核，由总监理工程师与建设单位、设备制造单位进行协商，并提出监理审核报告。	修改了文字，明确了总监理工程师在结算中的地位。
8.3.14 设备监造文件资料应包括下列主要内容： **1** 建设工程监理合同及设备采购合同。 **2** 设备监造工作计划。 **3** 设备制造工艺方案报审资料。 **4** 设备制造的检验计划和检验要求。 **5** 分包单位资格报审资料。 **6** 原材料、零配件的检验报告。 **7** 工程暂停令、开工或复工报审资料。 **8** 检验记录及试验报告。 **9** 变更资料。 **10** 会议纪要。	**8.3.3** 设备监造工作的监理资料应包括以下内容： **1** 设备制造合同及委托监理合同； **2** 设备监造规划； **3** 设备制造的生产计划和工艺方案； **4** 设备制造的检验计划和检验要求； **5** 分包单位资格报审表； **6** 原材料、零配件等的质量证明文件和检验报告；	修改了文字；并将旧《规范》的"14、15"合并为新《规范》中的"13"。

新《规范》	旧《规范》	说　明
11 来往函件。 **12** 监理通知与工作联系单。 **13** 监理日志。 **14** 监理月报。 **15** 质量事故处理文件。 **16** 索赔文件。 **17** 设备验收文件。 **18** 设备交接文件。 **19** 支付证书和设备制造结算审核文件。 **20** 设备监造工作总结。	**7** 开工/复工报审表、暂停令; **8** 检验记录及试验报告; **9** 报验申请表; **10** 设计变更文件; **11** 会议纪要; **12** 来往文件; **13** 监理日记; **14** 监理工程师通知单; **15** 监理工作联系单; **16** 监理月报; **17** 质量事故处理文件; **18** 设备制造索赔文件; **19** 设备验收文件; **20** 设备交接文件; **21** 支付证书和设备制造结算审核文件; **22** 设备监造工作总结。	
9　相关服务		新增专章
9.1　一般规定		对工程勘察、设计、保修等阶段相关服务作了一般性规定。
9.1.1　工程监理单位应根据建设工程监理合同约定的相关服务范围,开展相关服务工作,编制相关服务工作计划。		新增。
9.1.2　工程监理单位应按规定汇总整理、分类归档相关服务工作的文件资料。		
9.2　工程勘察设计阶段服务		新增。
9.2.1　工程监理单位应协助建设单位编制工程勘察设计任务书和选择工程勘察设计单位,并应协助签订工程勘察设计合同。		
9.2.2　工程监理单位应审查勘察单位提交的勘察方案,提出审查意见,并应报建设单位。变更勘察方案时,应按原程序重新审查。 　　勘察方案报审表可按本规范表 B.0.1 的要求填写。		
9.2.3　工程监理单位应检查勘察现场及室内试验主要岗位操作人员的资格,及所使用设备、仪器计量的检定情况。		

新《规范》	旧《规范》	说　明
9.2.4　工程监理单位应检查勘察进度计划执行情况、督促勘察单位完成勘察合同约定的工作内容、审核勘察单位提交的勘察费用支付申请表，以及签发勘察费用支付证书，并应报建设单位。 　　工程勘察阶段的监理通知单可按本规范表 A.0.3 的要求填写；监理通知回复单可按本规范表 B.0.9 的要求填写；勘察费用支付申请表可按本规范表 B.0.11 的要求填写；勘察费用支付证书可按本规范表 A.0.8 的要求填写。		新增。
9.2.5　工程监理单位应检查勘察单位执行勘察方案的情况，对重要点位的勘探与测试应进行现场检查。		
9.2.6　工程监理单位应审查勘察单位提交的勘察成果报告，并应向建设单位提交勘察成果评估报告，同时应参与勘察成果验收。 　　勘察成果评估报告应包括下列内容： 　　**1**　勘察工作概况。 　　**2**　勘察报告编制深度、与勘察标准的符合情况。 　　**3**　勘察任务书的完成情况。 　　**4**　存在问题及建议。 　　**5**　评估结论。 **9.2.7**　勘察成果报审表可按本规范表 B.0.7 的要求填写。		
9.2.8　工程监理单位应依据设计合同及项目总体计划要求审查各专业、各阶段设计进度计划。		
9.2.9　工程监理单位应检查设计进度计划执行情况、督促设计单位完成设计合同约定的工作内容、审核设计单位提交的设计费用支付申请表，以及签认设计费用支付证书，并应报建设单位。 　　工程设计阶段的监理通知单可按本规范表 A.0.3 的要求填写；监理通知回复单可按本规范表 B.0.9 的要求填写；设计费用支付报审表可按本规范表 B.0.11 的要求填写；设计费用支付证书可按本规范表 A.0.8 的要求填写。		

新《规范》	旧《规范》	说　明
9.2.10 工程监理单位应审查设计单位提交的设计成果，并应提出评估报告。评估报告应包括下列主要内容： 1　设计工作概况。 2　设计深度、与设计标准的符合情况。 3　设计任务书的完成情况。 4　有关部门审查意见的落实情况。 5　存在的问题及建议。 **9.2.11**　设计阶段成果报审表可按本规范表B.0.7的要求填写。		新增。
9.2.12　工程监理单位应审查设计单位提出的新材料、新工艺、新技术、新设备在相关部门的备案情况。必要时应协助建设单位组织专家评审。		
9.2.13　工程监理单位应审查设计单位提出的设计概算、施工图预算，提出审查意见，并应报建设单位。		
9.2.14　工程监理单位应分析可能发生索赔的原因，并应制定防范对策。		
9.2.15　工程监理单位应协助建设单位组织专家对设计成果进行评审。		
9.2.16　工程监理单位可协助建设单位向政府有关部门报审有关工程设计文件，并应根据审批意见，督促设计单位予以完善。		
9.2.17　工程监理单位应根据勘察设计合同，协调处理勘察设计延期、费用索赔等事宜。 　勘察设计延期报审表可按本规范表B.0.14的要求填写；勘察设计费用索赔报审表可按本规范表B.0.13的要求填写。		
9.3　工程保修阶段服务		
9.3.1　承担工程保修阶段的服务工作时，工程监理单位应定期回访。		新增。
	5.8.1　监理单位应依据委托监理合同约定的工程质量保修期监理工作的时间、范围和内容开展工作。	已删除。因工程质量保修期已不在工程监理范围内，属于工程监理相关服务。

41

新《规范》	旧《规范》	说　明
9.3.2 对建设单位或使用单位提出的工程质量缺陷，工程监理单位应安排监理人员进行检查和记录，并应要求施工单位予以修复，同时应监督实施，合格后予以签认。	**5.8.2** 承担质量保修期监理工作时，监理单位应安排监理人员对建设单位提出的工程质量缺陷进行检查和记录，对承包单位进行修复的工程质量进行验收，合格后予以签认。	修改了文字，并增加了"使用单位"。
9.3.3 工程监理单位应对工程质量缺陷原因进行调查，并应与建设单位、施工单位协商确定责任归属。对非施工单位原因造成的工程质量缺陷，应核实施工单位申报的修复工程费用，并应签认工程款支付证书，同时应报建设单位。	**5.8.3** 监理人员应对工程质量缺陷原因进行调查分析并确定责任归属，对非承包单位原因造成的工程质量缺陷，监理人员应核实修复工程的费用，签署工程款支付证书，并报建设单位。	确定责任归属由监理单位与建设单位、施工单位协商确定更符合实际。
附录：建设工程监理基本表式	**附录：施工阶段监理工作的基本表式**	由于修订后规范已定位于施工阶段，因此，附录的标题中取消了"施工阶段"。
A 类表（工程监理单位用表）	B 类表（监理单位用表）	新《规范》A 类表与旧《规范》B 类表一致，为工程监理单位用表。
A.0.1 总监理工程师任命书		新增，强调了总监理工程师负责制。
A.0.2 工程开工令		新增，将开工报审表及相关资料与工程开工令分离。
A.0.3 监理通知单	B1 监理工程师通知单	修改了文字。
A.0.4 监理报告		根据《建设工程安全生产管理条例》新增。
A.0.5 工程暂停令	B2 工程暂停令	沿用旧《规范》B2 表。
A.0.6 旁站记录		新增，主要参照《房屋建筑工程施工旁站监理管理办法（试行）》（建市〔2002〕189号）修改。
A.0.7 工程复工令		新增，将工程复工报审资料与工程复工令分离。
A.0.8 工程款支付证书	B3 工程款支付证书	沿用旧《规范》B3 表。
B 类表（施工单位报审、报验用表）	A 类表（承包单位用表）	新《规范》中将旧《规范》中的承包单位统一为施工单位。

42

新《规范》	旧《规范》	说　明
B.0.1　施工组织设计/（专项）施工方案报审表	A2　施工组织设计（方案）报审表	在旧《规范》A2表的基础上，结合《建设工程安全生产管理条例》，增加了专项施工方案的报审内容。
B.0.2　工程开工报审表	A1　工程开工/复工报审表	将旧《规范》A1表开工报审和复工报审分离，并增加了建设单位审批栏。
B.0.3　工程复工报审表	A1　工程开工/复工报审表	
B.0.4　分包单位资格报审表	A3　分包单位资格报审表	沿用旧《规范》A3表，并取消了"分包工程占全部工程"一栏。
B.0.5　施工控制测量成果报验表		新增，由旧《规范》A4表报验申请表独立出来。
B.0.6　工程材料、构配件、设备报审表	A9　工程材料/构配件/设备报审表	沿用旧《规范》A9表。
B.0.7　报审、验表	A4　报验申请表	沿用旧《规范》A4表，并重新定义为报审/验表。
B.0.8　分部工程报验表		新增，主要目的是为了区分专业监理工程师和总监理工程师职责。
B.0.9　监理通知回复	A6　监理工程师通知回复单	沿用旧《规范》A6表。
B.0.10　单位工程竣工验收报审表	A10　工程竣工报验单	根据旧《规范》A10表修订而成。
B.0.11　工程款支付报审表	A5　工程款支付申请表	根据旧《规范》A5表修订而成。
B.0.12　施工进度计划报审表		新增，由旧《规范》A4表报验申请表独立而来。
B.0.13　费用索赔报审表	A8　费用索赔申请表 B6　费用索赔审批表	将旧《规范》A8表和B6表合并而成，强调了整体性，并增加了建设单位审批栏。
B.0.14　工程临时/最终延期报审表	A7　工程临时延期申请表 B4　工程临时延期审批表 B5　工程最终延期审批表	将旧《规范》A7表、B4表和B5表合并而成，强调了整体性，并增加了建设单位审批栏。
C类表（通用表）	C类表（各方通用表）	沿用旧《规范》C类表，为通用表式。

续表

新《规范》	旧《规范》	说　明
C.0.1　工作联系单	C1　监理工作联系单	沿用旧《规范》C1 表，修改了表名。
C.0.2　工程变更单	C2　工程变更单	沿用旧《规范》C2 表，并结合新《规范》6.3.1 条具体内容修订而成。
C.0.3　索赔意向通知书		新增。

附录一 工程监理企业资质管理规定

中华人民共和国建设部令

第 158 号

《工程监理企业资质管理规定》已于2006年12月11日经建设部第112次常务会议讨论通过，现予发布，自2007年8月1日起施行。

部　长　汪光焘

二〇〇七年六月二十六日

工程监理企业资质管理规定

第一章　总　　则

第一条　为了加强工程监理企业资质管理，规范建设工程监理活动，维护建筑市场秩序，根据《中华人民共和国建筑法》、《中华人民共和国行政许可法》、《建设工程质量管理条例》等法律、行政法规，制定本规定。

第二条　在中华人民共和国境内从事建设工程监理活动，申请工程监理企业资质，实施对工程监理企业资质监督管理，适用本规定。

第三条　从事建设工程监理活动的企业，应当按照本规定取得工程监理企业资质，并在工程监理企业资质证书（以下简称资质证书）许可的范围内从事工程监理活动。

第四条　国务院建设主管部门负责全国工程监理企业资质的统一监督管理工作。国务院铁路、交通、水利、信息产业、民航等有关部门配合国务院建设主管部门实施相关资质类别工程监理企业资质的监督管理工作。

省、自治区、直辖市人民政府建设主管部门负责本行政区域内工程监理企业资质的统一监督管理工作。省、自治区、直辖市人民政府交通、水利、信息产业等有关部门配合同级建设主管部门实施相关资质类别工程监理企业资质的监督管理工作。

第五条　工程监理行业组织应当加强工程监理行业自律管理。

鼓励工程监理企业加入工程监理行业组织。

第二章　资质等级和业务范围

第六条　工程监理企业资质分为综合资质、专业资质和事务所资质。其中，专业资质按照工程性质和技术特点划分为若干工程类别。

综合资质、事务所资质不分级别。专业资质分为甲级、乙级；其中，房屋建筑、水利水电、公路和市政公用专业资质可设立丙级。

第七条 工程监理企业的资质等级标准如下：

（一）综合资质标准

1. 具有独立法人资格且注册资本不少于 600 万元。

2. 企业技术负责人应为注册监理工程师，并具有 15 年以上从事工程建设工作的经历或者具有工程类高级职称。

3. 具有 5 个以上工程类别的专业甲级工程监理资质。

4. 注册监理工程师不少于 60 人，注册造价工程师不少于 5 人，一级注册建造师、一级注册建筑师、一级注册结构工程师或者其他勘察设计注册工程师合计不少于 15 人次。

5. 企业具有完善的组织结构和质量管理体系，有健全的技术、档案等管理制度。

6. 企业具有必要的工程试验检测设备。

7. 申请工程监理资质之日前一年内没有本规定第十六条禁止的行为。

8. 申请工程监理资质之日前一年内没有因本企业监理责任造成重大质量事故。

9. 申请工程监理资质之日前一年内没有因本企业监理责任发生三级以上工程建设重大安全事故或者发生两起以上四级工程建设安全事故。

（二）专业资质标准

1. 甲级

（1）具有独立法人资格且注册资本不少于 300 万元。

（2）企业技术负责人应为注册监理工程师，并具有 15 年以上从事工程建设工作的经历或者具有工程类高级职称。

（3）注册监理工程师、注册造价工程师、一级注册建造师、一级注册建筑师、一级注册结构工程师或者其他勘察设计注册工程师合计不少于 25 人次；其中，相应专业注册监理工程师不少于《专业资质注册监理工程师人数配备表》（附表 1）中要求配备的人数，注册造价工程师不少于 2 人。

（4）企业近 2 年内独立监理过 3 个以上相应专业的二级工程项目，但是，具有甲级设计资质或一级及以上施工总承包资质的企业申请本专业工程类别甲级资质的除外。

（5）企业具有完善的组织结构和质量管理体系，有健全的技术、档案等管理制度。

（6）企业具有必要的工程试验检测设备。

（7）申请工程监理资质之日前一年内没有本规定第十六条禁止的行为。

（8）申请工程监理资质之日前一年内没有因本企业监理责任造成重大质量事故。

（9）申请工程监理资质之日前一年内没有因本企业监理责任发生三级以上工程建设重大安全事故或者发生两起以上四级工程建设安全事故。

2. 乙级

（1）具有独立法人资格且注册资本不少于 100 万元。

（2）企业技术负责人应为注册监理工程师，并具有 10 年以上从事工程建设工作的经历。

（3）注册监理工程师、注册造价工程师、一级注册建造师、一级注册建筑师、一级注册结构工程师或者其他勘察设计注册工程师合计不少于 15 人次。其中，相应专业注册监理工程师不少于《专业资质注册监理工程师人数配备表》（附表 1）中要求配备的人数，注册造价工程师不少于1人。

（4）有较完善的组织结构和质量管理体系，有技术、档案等管理制度。

（5）有必要的工程试验检测设备。

（6）申请工程监理资质之日前一年内没有本规定第十六条禁止的行为。

（7）申请工程监理资质之日前一年内没有因本企业监理责任造成重大质量事故。

（8）申请工程监理资质之日前一年内没有因本企业监理责任发生三级以上工程建设重大安全事故或者发生两起以上四级工程建设安全事故。

3. 丙级

（1）具有独立法人资格且注册资本不少于50万元。

（2）企业技术负责人应为注册监理工程师，并具有8年以上从事工程建设工作的经历。

（3）相应专业的注册监理工程师不少于《专业资质注册监理工程师人数配备表》（附表1）中要求配备的人数。

（4）有必要的质量管理体系和规章制度。

（5）有必要的工程试验检测设备。

（三）事务所资质标准

1. 取得合伙企业营业执照，具有书面合作协议书。

2. 合伙人中有3名以上注册监理工程师，合伙人均有5年以上从事建设工程监理的工作经历。

3. 有固定的工作场所。

4. 有必要的质量管理体系和规章制度。

5. 有必要的工程试验检测设备。

第八条　工程监理企业资质相应许可的业务范围如下：

（一）综合资质

可以承担所有专业工程类别建设工程项目的工程监理业务。

（二）专业资质

1. 专业甲级资质

可承担相应专业工程类别建设工程项目的工程监理业务（见附表2）。

2. 专业乙级资质：

可承担相应专业工程类别二级以下（含二级）建设工程项目的工程监理业务（见附表2）。

3. 专业丙级资质：

可承担相应专业工程类别三级建设工程项目的工程监理业务（见附表2）。

（三）事务所资质

可承担三级建设工程项目的工程监理业务（见附表2），但是，国家规定必须实行强制监理的工程除外。

工程监理企业可以开展相应类别建设工程的项目管理、技术咨询等业务。

第三章　资质申请和审批

第九条　申请综合资质、专业甲级资质的，应当向企业工商注册所在地的省、自治区、直辖市人民政府建设主管部门提出申请。

省、自治区、直辖市人民政府建设主管部门应当自受理申请之日起 20 日内初审完毕，并将初审意见和申请材料报国务院建设主管部门。

国务院建设主管部门应当自省、自治区、直辖市人民政府建设主管部门受理申请材料之日起 60 日内完成审查，公示审查意见，公示时间为 10 日。其中，涉及铁路、交通、水利、通信、民航等专业工程监理资质的，由国务院建设主管部门送国务院有关部门审核。国务院有关部门应当在 20 日内审核完毕，并将审核意见报国务院建设主管部门。国务院建设主管部门根据初审意见审批。

第十条　专业乙级、丙级资质和事务所资质由企业所在地省、自治区、直辖市人民政府建设主管部门审批。

专业乙级、丙级资质和事务所资质许可。延续的实施程序由省、自治区、直辖市人民政府建设主管部门依法确定。

省、自治区、直辖市人民政府建设主管部门应当自作出决定之日起 10 日内，将准予资质许可的决定报国务院建设主管部门备案。

第十一条　工程监理企业资质证书分为正本和副本，每套资质证书包括一本正本，四本副本。正、副本具有同等法律效力。

工程监理企业资质证书的有效期为 5 年。

工程监理企业资质证书由国务院建设主管部门统一印制并发放。

第十二条　申请工程监理企业资质，应当提交以下材料：

（一）工程监理企业资质申请表（一式三份）及相应电子文档；

（二）企业法人、合伙企业营业执照；

（三）企业章程或合伙人协议；

（四）企业法定代表人、企业负责人和技术负责人的身份证明、工作简历及任命（聘用）文件；

（五）工程监理企业资质申请表中所列注册监理工程师及其他注册执业人员的注册执业证书；

（六）有关企业质量管理体系、技术和档案等管理制度的证明材料；

（七）有关工程试验检测设备的证明材料。

取得专业资质的企业申请晋升专业资质等级或者取得专业甲级资质的企业申请综合资质的，除前款规定的材料外，还应当提交企业原工程监理企业资质证书正、副本复印件，企业《监理业务手册》及近两年已完成代表工程的监理合同、监理规划、工程竣工验收报告及监理工作总结。

第十三条　资质有效期届满，工程监理企业需要继续从事工程监理活动的，应当在资质证书有效期届满 60 日前，向原资质许可机关申请办理延续手续。

对在资质有效期内遵守有关法律、法规、规章、技术标准，信用档案中无不良记录，且专业技术人员满足资质标准要求的企业，经资质许可机关同意，有效期延续 5 年。

第十四条　工程监理企业在资质证书有效期内名称、地址、注册资本、法定代表人等发生变更的，应当在工商行政管理部门办理变更手续后 30 日内办理资质证书变更手续。

涉及综合资质、专业甲级资质证书中企业名称变更的，由国务院建设主管部门负责办理，并自受理申请之日起 3 日内办理变更手续。

前款规定以外的资质证书变更手续，由省、自治区、直辖市人民政府建设主管部门负责办理。省、自治区、直辖市人民政府建设主管部门应当自受理申请之日起 3 日内办理变更手续，并在办理资质证书变更手续后 15 日内将变更结果报国务院建设主管部门备案。

第十五条　申请资质证书变更，应当提交以下材料：

（一）资质证书变更的申请报告；

（二）企业法人营业执照副本原件；

（三）工程监理企业资质证书正、副本原件。

工程监理企业改制的，除前款规定材料外，还应当提交企业职工代表大会或股东大会关于企业改制或股权变更的决议、企业上级主管部门关于企业申请改制的批复文件。

第十六条　工程监理企业不得有下列行为：

（一）与建设单位串通投标或者与其他工程监理企业串通投标，以行贿手段谋取中标；

（二）与建设单位或者施工单位串通弄虚作假、降低工程质量；

（三）将不合格的建设工程、建筑材料、建筑构配件和设备按照合格签字；

（四）超越本企业资质等级或以其他企业名义承揽监理业务；

（五）允许其他单位或个人以本企业的名义承揽工程；

（六）将承揽的监理业务转包；

（七）在监理过程中实施商业贿赂；

（八）涂改、伪造、出借、转让工程监理企业资质证书；

（九）其他违反法律法规的行为。

第十七条　工程监理企业合并的，合并后存续或者新设立的工程监理企业可以承继合并前各方中较高的资质等级，但应当符合相应的资质等级条件。

工程监理企业分立的，分立后企业的资质等级，根据实际达到的资质条件，按照本规定的审批程序核定。

第十八条　企业需增补工程监理企业资质证书的（含增加、更换、遗失补办），应当持资质证书增补申请及电子文档等材料向资质许可机关申请办理。遗失资质证书的，在申请补办前应当在公众媒体刊登遗失声明。资质许可机关应当自受理申请之日起 3 日内予以办理。

第四章　监　督　管　理

第十九条　县级以上人民政府建设主管部门和其他有关部门应当依照有关法律、法规和本规定，加强对工程监理企业资质的监督管理。

第二十条　建设主管部门履行监督检查职责时，有权采取下列措施：

（一）要求被检查单位提供工程监理企业资质证书、注册监理工程师注册执业证书，有关工程监理业务的文档，有关质量管理、安全生产管理、档案管理等企业内部管理制度的文件；

（二）进入被检查单位进行检查，查阅相关资料；

（三）纠正违反有关法律、法规和本规定及有关规范和标准的行为。

第二十一条 建设主管部门进行监督检查时，应当有两名以上监督检查人员参加，并出示执法证件，不得妨碍被检查单位的正常经营活动，不得索取或者收受财物、谋取其他利益。

有关单位和个人对依法进行的监督检查应当协助与配合，不得拒绝或者阻挠。

监督检查机关应当将监督检查的处理结果向社会公布。

第二十二条 工程监理企业违法从事工程监理活动的，违法行为发生地的县级以上地方人民政府建设主管部门应当依法查处，并将违法事实、处理结果或处理建议及时报告该工程监理企业资质的许可机关。

第二十三条 工程监理企业取得工程监理企业资质后不再符合相应资质条件的，资质许可机关根据利害关系人的请求或者依据职权，可以责令其限期改正；逾期不改的，可以撤回其资质。

第二十四条 有下列情形之一的，资质许可机关或者其上级机关，根据利害关系人的请求或者依据职权，可以撤销工程监理企业资质：

（一）资质许可机关工作人员滥用职权、玩忽职守作出准予工程监理企业资质许可的；

（二）超越法定职权作出准予工程监理企业资质许可的；

（三）违反资质审批程序作出准予工程监理企业资质许可的；

（四）对不符合许可条件的申请人作出准予工程监理企业资质许可的；

（五）依法可以撤销资质证书的其他情形。

以欺骗、贿赂等不正当手段取得工程监理企业资质证书的，应当予以撤销。

第二十五条 有下列情形之一的，工程监理企业应当及时向资质许可机关提出注销资质的申请，交回资质证书，国务院建设主管部门应当办理注销手续，公告其资质证书作废：

（一）资质证书有效期届满，未依法申请延续的；

（二）工程监理企业依法终止的；

（三）工程监理企业资质依法被撤销、撤回或吊销的；

（四）法律、法规规定的应当注销资质的其他情形。

第二十六条 工程监理企业应当按照有关规定，向资质许可机关提供真实、准确、完整的工程监理企业的信用档案信息。

工程监理企业的信用档案应当包括基本情况、业绩、工程质量和安全、合同违约等情况。被投诉举报和处理、行政处罚等情况应当作为不良行为记入其信用档案。

工程监理企业的信用档案信息按照有关规定向社会公示，公众有权查阅。

第五章 法 律 责 任

第二十七条 申请人隐瞒有关情况或者提供虚假材料申请工程监理企业资质的，资质许可机关不予受理或者不予行政许可，并给予警告，申请人在 1 年内不得再次申请工程监理企业资质。

第二十八条 以欺骗、贿赂等不正当手段取得工程监理企业资质证书的，由县级以上地方人民政府建设主管部门或者有关部门给予警告，并处 1 万元以上 2 万元以下的罚款，申请人 3 年内不得再次申请工程监理企业资质。

第二十九条 工程监理企业有本规定第十六条第七项、第八项行为之一的，由县级以上地方人民政府建设主管部门或者有关部门予以警告，责令其改正，并处 1 万元以上 3 万元以下的罚款；造成损失的，依法承担赔偿责任；构成犯罪的，依法追究刑事责任。

第三十条 违反本规定，工程监理企业不及时办理资质证书变更手续的，由资质许可机关责令限期办理；逾期不办理的，可处以 1 千元以上 1 万元以下的罚款。

第三十一条 工程监理企业未按照本规定要求提供工程监理企业信用档案信息的，由县级以上地方人民政府建设主管部门予以警告，责令限期改正；逾期未改正的，可处以 1 千元以上 1 万元以下的罚款。

第三十二条 县级以上地方人民政府建设主管部门依法给予工程监理企业行政处罚的，应当将行政处罚决定以及给予行政处罚的事实、理由和依据，报国务院建设主管部门备案。

第三十三条 县级以上人民政府建设主管部门及有关部门有下列情形之一的，由其上级行政主管部门或者监察机关责令改正，对直接负责的主管人员和其他直接责任人员依法给予处分；构成犯罪的，依法追究刑事责任：

（一）对不符合本规定条件的申请人准予工程监理企业资质许可的；

（二）对符合本规定条件的申请人不予工程监理企业资质许可或者不在法定期限内作出准予许可决定的；

（三）对符合法定条件的申请不予受理或者未在法定期限内初审完毕的；

（四）利用职务上的便利，收受他人财物或者其他好处的；

（五）不依法履行监督管理职责或者监督不力，造成严重后果的。

第六章 附 则

第三十四条 本规定自 2007 年 8 月 1 日起施行。2001 年 8 月 29 日建设部颁布的《工程监理企业资质管理规定》（建设部令第 102 号）同时废止。

附件：1. 专业资质注册监理工程师人数配备表
　　　2. 专业工程类别和等级表

专业资质注册监理工程师人数配备表（单位：人）　　　　　　附表 1

序号	工程类别	甲级	乙级	丙级
1	房屋建筑工程	15	10	5
2	冶炼工程	15	10	
3	矿山工程	20	12	
4	化工石油工程	15	10	
5	水利水电工程	20	12	5
6	电力工程	15	10	
7	农林工程	15	10	

续表

序号	工程类别	甲级	乙级	丙级
8	铁路工程	23	14	
9	公路工程	20	12	5
10	港口与航道工程	20	12	
11	航天航空工程	20	12	
12	通信工程	20	12	
13	市政公用工程	15	10	5
14	机电安装工程	15	10	

注：表中各专业资质注册监理工程师人数配备是指企业取得本专业工程类别注册的注册监理工程师人数。

专业工程类别和等级表 附表2

序号	工程类别		一级	二级	三级
一	房屋建筑工程	一般公共建筑	28层以上；36m跨度以上（轻钢结构除外）；单项工程建筑面积3万m²以上	14～28层；24～36m跨度（轻钢结构除外）；单项工程建筑面积1万～3万m²	14层以下；24m跨度以下（轻钢结构除外）；单项工程建筑面积1万m²以下
		高耸构筑工程	高度120m以上	高度70～120m	高度70m以下
		住宅工程	小区建筑面积12万m²以上；单项工程28层以上	建筑面积6万～12万m²；单项工程14～28层	建筑面积6万m²以下；单项工程14层以下
二	冶炼工程	钢铁冶炼、连铸工程	年产100万t以上；单座高炉炉容1250m³以上；单座公称容量转炉100t以上；电炉50t以上；连铸年产100万t以上或板坯连铸单机1450mm以上	年产100万t以下；单座高炉炉容1250m³以下；单座公称容量转炉100t以下；电炉50t以下；连铸年产100万t以下或板坯连铸单机1450mm以下	
		轧钢工程	热轧年产100万t以上，装备连续、半连续轧机；冷轧带板年产100万t以上，冷轧线材年产30万t以上或装备连续、半连续轧机	热轧年产100万t以下，装备连续、半连续轧机；冷轧带板年产100万t以下，冷轧线材年产30万t以下或装备连续、半连续轧机	
		冶炼辅助工程	炼焦工程年产50万t以上或炭化室高度4.3m以上；单台烧结机100m²以上；小时制氧300m³以上	炼焦工程年产50万t以下或炭化室高度4.3m以下；单台烧结机100m²以下；小时制氧300m³以下	

52

序号	工程类别		一级	二级	三级
二	冶炼工程	有色冶炼工程	有色冶炼年产10万t以上；有色金属加工年产5万t以上；氧化铝工程40万t以上	有色冶炼年产10万t以下；有色金属加工年产5万t以下；氧化铝工程40万t以下	
		建材工程	水泥日产2000t以上；浮化玻璃日熔量400t以上；池窑拉丝玻璃纤维、特种纤维、特种陶瓷生产线工程	水泥日产2000t以下；浮化玻璃日熔量400t以下；普通玻璃生产线；组合炉拉丝玻璃纤维；非金属材料、玻璃钢、耐火材料、建筑及卫生陶瓷厂工程	
三	矿山工程	煤矿工程	年产120万t以上的井工矿工程；年产120万t以上的洗选煤工程；深度800m以上的立井井筒工程；年产400万t以上的露天矿山工程	年产120万t以下的井工矿工程；年产120万t以下的洗选煤工程；深度800m以下的立井井筒工程；年产400万t以下的露天矿山工程	
		冶金矿山工程	年产100万t以上的黑色矿山采选工程；年产100万t以上的有色砂矿采、选工程；年产60万t以上的有色脉矿采、选工程	年产100万t以下的黑色矿山采选工程；年产100万t以下的有色砂矿采、选工程；年产60万t以下的有色脉矿采、选工程	
		化工矿山工程	年产60万t以上的磷矿、硫铁矿工程	年产60万t以下的磷矿、硫铁矿工程	
		铀矿工程	年产10万t以上的铀矿；年产200t以上的铀选冶	年产10万t以下的铀矿；年产200t以下的铀选冶	
		建材类非金属矿工程	年产70万t以上的石灰石矿；年产30万t以上的石膏矿、石英砂岩矿	年产70万t以下的石灰石矿；年产30万t以下的石膏矿、石英砂岩矿	
四	化工石油工程	油田工程	原油处理能力150万t/年以上、天然气处理能力150万方/天以上、产能50万t以上及配套设施	原油处理能力150万t/年以下、天然气处理能力150万方/天以下、产能50万t以下及配套设施	
		油气储运工程	压力容器8MPa以上；油气储罐10万m³/台以上；长输管道120km以上	压力容器8MPa以下；油气储罐10万m³/台以下；长输管道120km以下	

序号	工程类别	一级	二级	三级
四	化工石油工程	炼油化工工程	原油处理能力在500万t/年以上的一次加工及相应二次加工装置和后加工装置	原油处理能力在500万t/年以下的一次加工及相应二次加工装置和后加工装置	
		基本原材料工程	年产30万t以上的乙烯工程；年产4万t以上的合成橡胶、合成树脂及塑料和化纤工程	年产30万t以下的乙烯工程；年产4万t以下的合成橡胶、合成树脂及塑料和化纤工程	
		化肥工程	年产20万t以上合成氨及相应后加工装置；年产24万t以上磷铵工程	年产20万t以下合成氨及相应后加工装置；年产24万t以下磷铵工程	
		酸碱工程	年产硫酸16万t以上；年产烧碱8万t以上；年产纯碱40万t以上	年产硫酸16万t以下；年产烧碱8万t以下；年产纯碱40万t以下	
		轮胎工程	年产30万套以上	年产30万套以下	
		核化工及加工工程	年产1000t以上的铀转换化工工程；年产100t以上的铀浓缩工程；总投资10亿元以上的乏燃料后处理工程；年产200t以上的燃料元件加工工程；总投资5000万元以上的核技术及同位素应用工程	年产1000t以下的铀转换化工工程；年产100t以下的铀浓缩工程；总投资10亿元以下的乏燃料后处理工程；年产200t以下的燃料元件加工工程；总投资5000万元以下的核技术及同位素应用工程	
		医药及其他化工工程	总投资1亿元以上	总投资1亿元以下	
五	水利水电工程	水库工程	总库容1亿m³以上	总库容1千万～1亿m³	总库容1千万m³以下
		水力发电站工程	总装机容量300MW以上	总装机容量50～300MW	总装机容量50MW以下
		其他水利工程	引调水堤防等级1级；灌溉排涝流量5m³/s以上；河道整治面积30万亩以上；城市防洪城市人口50万人以上；围垦面积5万亩以上；水土保持综合治理面积1000平方公里以上	引调水堤防等级2、3级；灌溉排涝流量0.5～5m³/s；河道整治面积3～30万亩；城市防洪城市人口20～50万人；围垦面积0.5～5万亩；水土保持综合治理面积100～1000平方公里	引调水堤防等级4、5级；灌溉排涝流量0.5m³/s以下；河道整治面积3万亩以下；城市防洪城市人口20万人以下；围垦面积0.5万亩以下；水土保持综合治理面积100平方公里以下

序号	工程类别		一级	二级	三级
六	电力工程	火力发电站工程	单机容量 30 万 kW 以上	单机容量 30 万 kW 以下	
		输变电工程	330kV 以上	330kV 以下	
		核电工程	核电站；核反应堆工程		
七	农林工程	林业局（场）总体工程	面积 35 万公顷以上	面积 35 万公顷以下	
		林产工业工程	总投资 5000 万元以上	总投资 5000 万元以下	
		农业综合开发工程	总投资 3000 万元以上	总投资 3000 万元以下	
		种植业工程	2 万亩以上或总投资 1500 万元以上	2 万亩以下或总投资 1500 万元以下	
		兽医/畜牧工程	总投资 1500 万元以上	总投资 1500 万元以下	
		渔业工程	渔港工程总投资 3000 万元以上；水产养殖等其他工程总投资 1500 万元以上	渔港工程总投资 3000 万元以下；水产养殖等其他工程总投资 1500 万元以下	
		设施农业工程	设施园艺工程 1 公顷以上；农产品加工等其他工程总投资 1500 万元以上	设施园艺工程 1 公顷以下；农产品加工等其他工程总投资 1500 万元以下	
		核设施退役及放射性三废处理处置工程	总投资 5000 万元以上	总投资 5000 万元以下	
八	铁路工程	铁路综合工程	新建、改建一级干线；单线铁路 40km 以上；双线 30km 以上及枢纽	单线铁路 40km 以下；双线 30km 以下；二级干线及站线；专用线、专用铁路	
		铁路桥梁工程	桥长 500m 以上	桥长 500m 以下	
		铁路隧道工程	单线 3000m 以上；双线 1500m 以上	单线 3000m 以下；双线 1500m 以下	
		铁路通信、信号、电力电气化工程	新建、改建铁路（含枢纽、配、变电所、分区亭）单双线 200km 及以上	新建、改建铁路（不含枢纽、配、变电所、分区亭）单双线 200km 及以下	

序号	工程类别		一级	二级	三级
九	公路工程	公路工程	高速公路	高速公路路基工程及一级公路	一级公路路基工程及二级以下各级公路
		公路桥梁工程	独立大桥工程；特大桥总长1000m以上或单跨跨径150m以上	大桥、中桥桥梁总长30～1000m或单跨跨径20～150m	小桥总长30m以下或单跨跨径20m以下；涵洞工程
		公路隧道工程	隧道长度1000m以上	隧道长度500～1000m	隧道长度500m以下
		其他工程	通信、监控、收费等机电工程，高速公路交通安全设施、环保工程和沿线附属设施	一级公路交通安全设施、环保工程和沿线附属设施	二级及以下公路交通安全设施、环保工程和沿线附属设施
十	港口与航道工程	港口工程	集装箱、件杂、多用途等沿海港口工程20000t级以上；散货、原油沿海港口工程30000t级以上；1000t级以上内河港口工程	集装箱、件杂、多用途等沿海港口工程20000t级以下；散货、原油沿海港口工程30000t级以下；1000t级以下内河港口工程	
		通航建筑与整治工程	1000t级以上	1000t级以下	
		航道工程	通航30000t级以上船舶沿海复杂航道；通航1000t级以上船舶的内河航运工程项目	通航30000t级以下船舶沿海航道；通航1000t级以下船舶的内河航运工程项目	
		修造船水工工程	10000t位以上的船坞工程；船体重量5000t位以上的船台、滑道工程	10000t位以下的船坞工程；船体重量5000t位以下的船台、滑道工程	
		防波堤、导流堤等水工工程	最大水深6m以上	最大水深6m以下	
		其他水运工程项目	建安工程费6000万元以上的沿海水运工程项目；建安工程费4000万元以上的内河水运工程项目	建安工程费6000万元以下的沿海水运工程项目；建安工程费4000万元以下的内河水运工程项目	

序号	工程类别		一级	二级	三级
十一	航天航空工程	民用机场工程	飞行区指标为4E及以上及其配套工程	飞行区指标为4D及以下及其配套工程	
		航空飞行器	航空飞行器（综合）工程总投资1亿元以上；航空飞行器（单项）工程总投资3000万元以上	航空飞行器（综合）工程总投资1亿元以下；航空飞行器（单项）工程总投资3000万元以下	
		航天空间飞行器	工程总投资3000万元以上；面积3000m² 以上；跨度18m以上	工程总投资3000万元以下；面积3000m² 以下；跨度18m以下	
十二	通信工程	有线、无线传输通信工程，卫星、综合布线	省际通信、信息网络工程	省内通信、信息网络工程	
		邮政、电信、广播枢纽及交换工程	省会城市邮政、电信枢纽	地市级城市邮政、电信枢纽	
		发射台工程	总发射功率500kW以上短波或600kW以上中波发射台；高度200m以上广播电视发射塔	总发射功率500kW以下短波或600kW以下中波发射台；高度200m以下广播电视发射塔	
十三	市政公用工程	城市道路工程	城市快速路、主干路，城市互通式立交桥及单孔跨径100m以上桥梁；长度1000m以上的隧道工程	城市次干路工程，城市分离式立交桥及单孔跨径100m以下的桥梁；长度1000m以下的隧道工程	城市支路工程、过街天桥及地下通道工程
		给水排水工程	10万t/d以上的给水厂；5万t/d以上污水处理工程；3m³/s以上的给水、污水泵站；15m³/s以上的雨泵站；直径2.5m以上的给排水管道	2～10万t/d的给水厂；1～5万t/d污水处理工程；1～3m³/s的给水、污水泵站；5～15m³/s的雨泵站；直径1～2.5m的给水管道；直径1.5～2.5m的排水管道	2万t/d以下的给水厂；1万t/d以下污水处理工程；1m³/s以下的给水、污水泵站；5m³/s以下的雨泵站；直径1m以下的给水管道；直径1.5m以下的排水管道
		燃气热力工程	总储存容积1000m³以上液化气贮罐场（站）；供气规模15万m³/d以上的燃气工程；中压以上的燃气管道、调压站；供热面积150万m²以上的热力工程	总储存容积1000m³以下的液化气贮罐场（站）；供气规模15万m³/d以下的燃气工程；中压以下的燃气管道、调压站；供热面积50～150万m²的热力工程	供热面积50万m²以下的热力工程

序号	工程类别	一级	二级	三级
十三 市政公用工程	垃圾处理工程	1200t/d 以上的垃圾焚烧和填埋工程	500～1200t/d 的垃圾焚烧及填埋工程	500t/d 以下的垃圾焚烧及填埋工程
	地铁轻轨工程	各类地铁轻轨工程		
	风景园林工程	总投资 3000 万元以上	总投资 1000 万～3000 万元	总投资 1000 万元以下
十四 机电安装工程	机械工程	总投资 5000 万元以上	总投资 5000 万以下	
	电子工程	总投资 1 亿元以上；含有净化级别 6 级以上的工程	总投资 1 亿元以下；含有净化级别 6 级以下的工程	
	轻纺工程	总投资 5000 万元以上	总投资 5000 万以下	
	兵器工程	建安工程费 3000 万元以上的坦克装甲车辆、炸药、弹箭工程；建安工程费 2000 万元以上的枪炮、光电工程；建安工程费 1000 万元以上的防化民爆工程	建安工程费 3000 万元以下的坦克装甲车辆、炸药、弹箭工程；建安工程费 2000 万元以下的枪炮、光电工程；建安工程费 1000 万元以下的防化民爆工程	
	船舶工程	船舶制造工程总投资 1 亿元以上；船舶科研、机械、修理工程总投资 5000 万元以上	船舶制造工程总投资 1 亿元以下；船舶科研、机械、修理工程总投资 5000 万元以下	
	其他工程	总投资 5000 万元以上	总投资 5000 万元以下	

说明

1. 表中的"以上"含本数，"以下"不含本数。
2. 未列入本表中的其他专业工程，由国务院有关部门按照有关规定在相应的工程类别中划分等级。
3. 房屋建筑工程包括结合城市建设与民用建筑修建的附建人防工程。

附录二　建设工程监理范围和规模标准规定

中华人民共和国建设部令

第 86 号

《建设工程监理范围和规模标准规定》已于 2000 年 12 月 29 日经第 36 次部常务会议讨论通过，现予发布，自发布之日起施行。

部长：俞正声

二〇〇一年一月十七日

建设工程监理范围和规模标准规定

第一条　为了确定必须实行监理的建设工程项目具体范围和规模标准，规范建设工程监理活动，根据《建设工程质量管理条例》，制定本规定。

第二条　下列建设工程必须实行监理：

（一）国家重点建设工程；

（二）大中型公用事业工程；

（三）成片开发建设的住宅小区工程；

（四）利用外国政府或者国际组织贷款、援助资金的工程；

（五）国家规定必须实行监理的其他工程。

第三条　国家重点建设工程，是指依据《国家重点建设项目管理办法》所确定的对国民经济和社会发展有重大影响的骨干项目。

第四条　大中型公用事业工程，是指项目总投资额在 3000 万元以上的下列工程项目：

（一）供水、供电、供气、供热等市政工程项目；

（二）科技、教育、文化等项目；

（三）体育、旅游、商业等项目；

（四）卫生、社会福利等项目；

（五）其他公用事业项目。

第五条　成片开发建设的住宅小区工程，建筑面积在 5 万 m^2 以上的住宅建设工程必须实行监理；5 万 m^2 以下的住宅建设工程，可以实行监理，具体范围和规模标准，由省、自治区、直辖市人民政府建设行政主管部门规定。

为了保证住宅质量，对高层住宅及地基、结构复杂的多层住宅应当实行监理。

第六条　利用外国政府或者国际组织贷款、援助资金的工程范围包括：

（一）使用世界银行、亚洲开发银行等国际组织贷款资金的项目；

（二）使用国外政府及其机构贷款资金的项目；

（三）使用国际组织或者国外政府援助资金的项目。

第七条 国家规定必须实行监理的其他工程是指：

（一）项目总投资额在 3000 万元以上关系社会公共利益、公众安全的下列基础设施项目：

（1）煤炭、石油、化工、天然气、电力、新能源等项目；

（2）铁路、公路、管道、水运、民航以及其他交通运输业等项目；

（3）邮政、电信枢纽、通信、信息网络等项目；

（4）防洪、灌溉、排涝、发电、引（供）水、滩涂治理、水资源保护、水土保持等水利建设项目；

（5）道路、桥梁、地铁和轻轨交通、污水排放及处理、垃圾处理、地下管道、公共停车场等城市基础设施项目；

（6）生态环境保护项目；

（7）其他基础设施项目。

（二）学校、影剧院、体育场馆项目。

第八条 国务院建设行政主管部门商同国务院有关部门后，可以对本规定确定的必须实行监理的建设工程具体范围和规模标准进行调整。

第九条 本规定由国务院建设行政主管部门负责解释。

第十条 本规定自发布之日起施行。

附录三　建设工程监理合同（示范文本）

GF—2012—0202

建设工程监理合同

（示范文本）

住 房 和 城 乡 建 设 部
国家工商行政管理总局 制定

第一部分 协 议 书

委托人（全称）：＿＿＿＿＿＿＿＿＿＿＿＿＿＿＿＿＿＿＿＿

监理人（全称）：＿＿＿＿＿＿＿＿＿＿＿＿＿＿＿＿＿＿＿＿

根据《中华人民共和国合同法》、《中华人民共和国建筑法》及其他有关法律、法规，遵循平等、自愿、公平和诚信的原则，双方就下述工程委托监理与相关服务事项协商一致，订立本合同。

一、工程概况

1. 工程名称：＿＿＿＿＿＿＿＿＿＿＿＿＿＿＿＿＿＿＿＿＿＿＿；

2. 工程地点：＿＿＿＿＿＿＿＿＿＿＿＿＿＿＿＿＿＿＿＿＿＿＿；

3. 工程规模：＿＿＿＿＿＿＿＿＿＿＿＿＿＿＿＿＿＿＿＿＿＿＿；

4. 工程概算投资额或建筑安装工程费：＿＿＿＿＿＿＿＿＿＿＿。

二、词语限定

协议书中相关词语的含义与通用条件中的定义与解释相同。

三、组成本合同的文件

1. 协议书；

2. 中标通知书（适用于招标工程）或委托书（适用于非招标工程）；

3. 投标文件（适用于招标工程）或监理与相关服务建议书（适用于非招标工程）；

4. 专用条件；

5. 通用条件；

6. 附录，即：

附录A 相关服务的范围和内容

附录B 委托人派遣的人员和提供的房屋、资料、设备

本合同签订后，双方依法签订的补充协议也是本合同文件的组成部分。

四、总监理工程师

总监理工程师姓名：＿＿＿＿＿＿＿＿，身份证号码：＿＿＿＿＿＿＿＿，注册号：＿＿＿＿＿＿＿。

五、签约酬金

签约酬金（大写）：＿＿＿＿＿＿＿＿＿＿＿＿＿＿（￥　　）。

包括：

1. 监理酬金：＿＿＿＿＿＿＿＿＿＿＿＿＿＿＿＿＿＿＿＿＿。

2. 相关服务酬金：＿＿＿＿＿＿＿＿＿＿＿＿＿＿＿＿＿＿＿。

其中：

(1) 勘察阶段服务酬金：＿＿＿＿＿＿＿＿＿＿＿＿＿＿＿＿。

(2) 设计阶段服务酬金：＿＿＿＿＿＿＿＿＿＿＿＿＿＿＿＿。

(3) 保修阶段服务酬金：＿＿＿＿＿＿＿＿＿＿＿＿＿＿＿＿。

(4) 其他相关服务酬金：＿＿＿＿＿＿＿＿＿＿＿＿＿＿＿＿。

六、期限

1. 监理期限:

自_____年____月____日始,至_____年____月____日止。

2. 相关服务期限:

(1)勘察阶段服务期限自_____年__月___日始,至_____年___月___日止。

(2)设计阶段服务期限自_____年___月___日始,至_____年___月___日止。

(3)保修阶段服务期限自_____年___月___日始,至_____年___月___日止。

(4)其他相关服务期限自_____年___月___日始,至_____年___月___日止。

七、双方承诺

1. 监理人向委托人承诺,按照本合同约定提供监理与相关服务。

2. 委托人向监理人承诺,按照本合同约定派遣相应的人员,提供房屋、资料、设备,并按本合同约定支付酬金。

八、合同订立

1. 订立时间:_____年_____月_____日。

2. 订立地点:_____。

3. 本合同一式_____份,具有同等法律效力,双方各执_____份。

委 托 人:_____（盖章）   监 理 人:_____（盖章）

住　　所:_____   住　　所:_____

邮政编码:_____   邮政编码:_____

法定代表人或其授权   法定代表人或其授权

的代理人:_____（签字）   的代理人:_____（签字）

开户银行:_____   开户银行:_____

账　　号:_____   账　　号:_____

电　　话:_____   电　　话:_____

传　　真:_____   传　　真:_____

电子邮箱:_____   电子邮箱:_____

第二部分　通　用　条　件

1. 定义与解释

1.1 定义

除根据上下文另有其意义外,组成本合同的全部文件中的下列名词和用语应具有本款所赋予的含义:

1.1.1　"工程"是指按照本合同约定实施监理与相关服务的建设工程。

1.1.2　"委托人"是指本合同中委托监理与相关服务的一方,及其合法的继承人或

63

受让人。

1.1.3 "监理人"是指本合同中提供监理与相关服务的一方，及其合法的继承人。

1.1.4 "承包人"是指在工程范围内与委托人签订勘察、设计、施工等有关合同的当事人，及其合法的继承人。

1.1.5 "监理"是指监理人受委托人的委托，依照法律法规、工程建设标准、勘察设计文件及合同，在施工阶段对建设工程质量、进度、造价进行控制，对合同、信息进行管理，对工程建设相关方的关系进行协调，并履行建设工程安全生产管理法定职责的服务活动。

1.1.6 "相关服务"是指监理人受委托人的委托，按照本合同约定，在勘察、设计、保修等阶段提供的服务活动。

1.1.7 "正常工作"指本合同订立时通用条件和专用条件中约定的监理人的工作。

1.1.8 "附加工作"是指本合同约定的正常工作以外监理人的工作。

1.1.9 "项目监理机构"是指监理人派驻工程负责履行本合同的组织机构。

1.1.10 "总监理工程师"是指由监理人的法定代表人书面授权，全面负责履行本合同、主持项目监理机构工作的注册监理工程师。

1.1.11 "酬金"是指监理人履行本合同义务，委托人按照本合同约定给付监理人的金额。

1.1.12 "正常工作酬金"是指监理人完成正常工作，委托人应给付监理人并在协议书中载明的签约酬金额。

1.1.13 "附加工作酬金"是指监理人完成附加工作，委托人应给付监理人的金额。

1.1.14 "一方"是指委托人或监理人；"双方"是指委托人和监理人；"第三方"是指除委托人和监理人以外的有关方。

1.1.15 "书面形式"是指合同书、信件和数据电文（包括电报、电传、传真、电子数据交换和电子邮件）等可以有形地表现所载内容的形式。

1.1.16 "天"是指第一天零时至第二天零时的时间。

1.1.17 "月"是指按公历从一个月中任何一天开始的一个公历月时间。

1.1.18 "不可抗力"是指委托人和监理人在订立本合同时不可预见，在工程施工过程中不可避免发生并不能克服的自然灾害和社会性突发事件，如地震、海啸、瘟疫、水灾、骚乱、暴动、战争和专用条件约定的其他情形。

1.2 解释

1.2.1 本合同使用中文书写、解释和说明。如专用条件约定使用两种及以上语言文字时，应以中文为准。

1.2.2 组成本合同的下列文件彼此应能相互解释、互为说明。除专用条件另有约定外，本合同文件的解释顺序如下：

(1) 协议书；

(2) 中标通知书（适用于招标工程）或委托书（适用于非招标工程）；

(3) 专用条件及附录 A、附录 B；

(4) 通用条件；

(5) 投标文件（适用于招标工程）或监理与相关服务建议书（适用于非招标工程）。

双方签订的补充协议与其他文件发生矛盾或歧义时，属于同一类内容的文件，应以最新签署的为准。

2. 监理人的义务

2.1 监理的范围和工作内容

2.1.1 监理范围在专用条件中约定。

2.1.2 除专用条件另有约定外，监理工作内容包括：

（1）收到工程设计文件后编制监理规划，并在第一次工地会议7天前报委托人。根据有关规定和监理工作需要，编制监理实施细则；

（2）熟悉工程设计文件，并参加由委托人主持的图纸会审和设计交底会议；

（3）参加由委托人主持的第一次工地会议；主持监理例会并根据工程需要主持或参加专题会议；

（4）审查施工承包人提交的施工组织设计，重点审查其中的质量安全技术措施、专项施工方案与工程建设强制性标准的符合性；

（5）检查施工承包人工程质量、安全生产管理制度及组织机构和人员资格；

（6）检查施工承包人专职安全生产管理人员的配备情况；

（7）审查施工承包人提交的施工进度计划，核查承包人对施工进度计划的调整；

（8）检查施工承包人的试验室；

（9）审核施工分包人资质条件；

（10）查验施工承包人的施工测量放线成果；

（11）审查工程开工条件，对条件具备的签发开工令；

（12）审查施工承包人报送的工程材料、构配件、设备质量证明文件的有效性和符合性，并按规定对用于工程的材料采取平行检验或见证取样方式进行抽检；

（13）审核施工承包人提交的工程款支付申请，签发或出具工程款支付证书，并报委托人审核、批准；

（14）在巡视、旁站和检验过程中，发现工程质量、施工安全存在事故隐患的，要求施工承包人整改并报委托人；

（15）经委托人同意，签发工程暂停令和复工令；

（16）审查施工承包人提交的采用新材料、新工艺、新技术、新设备的论证材料及相关验收标准；

（17）验收隐蔽工程、分部分项工程；

（18）审查施工承包人提交的工程变更申请，协调处理施工进度调整、费用索赔、合同争议等事项；

（19）审查施工承包人提交的竣工验收申请，编写工程质量评估报告；

（20）参加工程竣工验收，签署竣工验收意见；

（21）审查施工承包人提交的竣工结算申请并报委托人；

（22）编制、整理工程监理归档文件并报委托人。

2.1.3 相关服务的范围和内容在附录A中约定。

2.2 监理与相关服务依据

2.2.1 监理依据包括：

（1）适用的法律、行政法规及部门规章；

（2）与工程有关的标准；

（3）工程设计及有关文件；

（4）本合同及委托人与第三方签订的与实施工程有关的其他合同。

双方根据工程的行业和地域特点，在专用条件中具体约定监理依据。

2.2.2 相关服务依据在专用条件中约定。

2.3 项目监理机构和人员

2.3.1 监理人应组建满足工作需要的项目监理机构，配备必要的检测设备。项目监理机构的主要人员应具有相应的资格条件。

2.3.2 本合同履行过程中，总监理工程师及重要岗位监理人员应保持相对稳定，以保证监理工作正常进行。

2.3.3 监理人可根据工程进展和工作需要调整项目监理机构人员。监理人更换总监理工程师时，应提前7天向委托人书面报告，经委托人同意后方可更换；监理人更换项目监理机构其他监理人员，应以相当资格与能力的人员替换，并通知委托人。

2.3.4 监理人应及时更换有下列情形之一的监理人员：

（1）严重过失行为的；

（2）有违法行为不能履行职责的；

（3）涉嫌犯罪的；

（4）不能胜任岗位职责的；

（5）严重违反职业道德的；

（6）专用条件约定的其他情形。

2.3.5 委托人可要求监理人更换不能胜任本职工作的项目监理机构人员。

2.4 履行职责

监理人应遵循职业道德准则和行为规范，严格按照法律法规、工程建设有关标准及本合同履行职责。

2.4.1 在监理与相关服务范围内，委托人和承包人提出的意见和要求，监理人应及时提出处置意见。当委托人与承包人之间发生合同争议时，监理人应协助委托人、承包人协商解决。

2.4.2 当委托人与承包人之间的合同争议提交仲裁机构仲裁或人民法院审理时，监理人应提供必要的证明资料。

2.4.3 监理人应在专用条件约定的授权范围内，处理委托人与承包人所签订合同的变更事宜。如果变更超过授权范围，应以书面形式报委托人批准。

在紧急情况下，为了保护财产和人身安全，监理人所发出的指令未能事先报委托人批准时，应在发出指令后的24小时内以书面形式报委托人。

2.4.4 除专用条件另有约定外，监理人发现承包人的人员不能胜任本职工作的，有权要求承包人予以调换。

2.5 提交报告

监理人应按专用条件约定的种类、时间和份数向委托人提交监理与相关服务的报告。

2.6 文件资料

在本合同履行期内，监理人应在现场保留工作所用的图纸、报告及记录监理工作的相关文件。工程竣工后，应当按照档案管理规定将监理有关文件归档。

2.7 使用委托人的财产

监理人无偿使用附录B中由委托人派遣的人员和提供的房屋、资料、设备。除专用条件另有约定外，委托人提供的房屋、设备属于委托人的财产，监理人应妥善使用和保管，在本合同终止时将这些房屋、设备的清单提交委托人，并按专用条件约定的时间和方式移交。

3. 委托人的义务

3.1 告知

委托人应在委托人与承包人签订的合同中明确监理人、总监理工程师和授予项目监理机构的权限。如有变更，应及时通知承包人。

3.2 提供资料

委托人应按照附录B约定，无偿向监理人提供工程有关的资料。在本合同履行过程中，委托人应及时向监理人提供最新的与工程有关的资料。

3.3 提供工作条件

委托人应为监理人完成监理与相关服务提供必要的条件。

3.3.1 委托人应按照附录B约定，派遣相应的人员，提供房屋、设备，供监理人无偿使用。

3.3.2 委托人应负责协调工程建设中所有外部关系，为监理人履行本合同提供必要的外部条件。

3.4 委托人代表

委托人应授权一名熟悉工程情况的代表，负责与监理人联系。委托人应在双方签订本合同后7天内，将委托人代表的姓名和职责书面告知监理人。当委托人更换委托人代表时，应提前7天通知监理人。

3.5 委托人意见或要求

在本合同约定的监理与相关服务工作范围内，委托人对承包人的任何意见或要求应通知监理人，由监理人向承包人发出相应指令。

3.6 答复

委托人应在专用条件约定的时间内，对监理人以书面形式提交并要求作出决定的事宜，给予书面答复。逾期未答复的，视为委托人认可。

3.7 支付

委托人应按本合同约定，向监理人支付酬金。

4. 违约责任

4.1 监理人的违约责任

监理人未履行本合同义务的，应承担相应的责任。

4.1.1 因监理人违反本合同约定给委托人造成损失的，监理人应当赔偿委托人损失。赔偿金额的确定方法在专用条件中约定。监理人承担部分赔偿责任的，其承担赔偿金额由双方协商确定。

4.1.2 监理人向委托人的索赔不成立时，监理人应赔偿委托人由此发生的费用。

4.2　委托人的违约责任

委托人未履行本合同义务的，应承担相应的责任。

4.2.1　委托人违反本合同约定造成监理人损失的，委托人应予以赔偿。

4.2.2　委托人向监理人的索赔不成立时，应赔偿监理人由此引起的费用。

4.2.3　委托人未能按期支付酬金超过 28 天，应按专用条件约定支付逾期付款利息。

4.3　除外责任

因非监理人的原因，且监理人无过错，发生工程质量事故、安全事故、工期延误等造成的损失，监理人不承担赔偿责任。

因不可抗力导致本合同全部或部分不能履行时，双方各自承担其因此而造成的损失、损害。

5. 支付

5.1　支付货币

除专用条件另有约定外，酬金均以人民币支付。涉及外币支付的，所采用的货币种类、比例和汇率在专用条件中约定。

5.2　支付申请

监理人应在本合同约定的每次应付款时间的 7 天前，向委托人提交支付申请书。支付申请书应当说明当期应付款总额，并列出当期应支付的款项及其金额。

5.3　支付酬金

支付的酬金包括正常工作酬金、附加工作酬金、合理化建议奖励金额及费用。

5.4　有争议部分的付款

委托人对监理人提交的支付申请书有异议时，应当在收到监理人提交的支付申请书后 7 天内，以书面形式向监理人发出异议通知。无异议部分的款项应按期支付，有异议部分的款项按第 7 条约定办理。

6. 合同生效、变更、暂停、解除与终止

6.1　生效

除法律另有规定或者专用条件另有约定外，委托人和监理人的法定代表人或其授权代理人在协议书上签字并盖单位章后本合同生效。

6.2　变更

6.2.1　任何一方提出变更请求时，双方经协商一致后可进行变更。

6.2.2　除不可抗力外，因非监理人原因导致监理人履行合同期限延长、内容增加时，监理人应当将此情况与可能产生的影响及时通知委托人。增加的监理工作时间、工作内容应视为附加工作。附加工作酬金的确定方法在专用条件中约定。

6.2.3　合同生效后，如果实际情况发生变化使得监理人不能完成全部或部分工作时，监理人应立即通知委托人。除不可抗力外，其善后工作以及恢复服务的准备工作应为附加工作，附加工作酬金的确定方法在专用条件中约定。监理人用于恢复服务的准备时间不应超过 28 天。

6.2.4　合同签订后，遇有与工程相关的法律法规、标准颁布或修订的，双方应遵照执行。由此引起监理与相关服务的范围、时间、酬金变化的，双方应通过协商进行相应调整。

6.2.5 因非监理人原因造成工程概算投资额或建筑安装工程费增加时，正常工作酬金应作相应调整。调整方法在专用条件中约定。

6.2.6 因工程规模、监理范围的变化导致监理人的正常工作量减少时，正常工作酬金应作相应调整。调整方法在专用条件中约定。

6.3 暂停与解除

除双方协商一致可以解除本合同外，当一方无正当理由未履行本合同约定的义务时，另一方可以根据本合同约定暂停履行本合同直至解除本合同。

6.3.1 在本合同有效期内，由于双方无法预见和控制的原因导致本合同全部或部分无法继续履行或继续履行已无意义，经双方协商一致，可以解除本合同或监理人的部分义务。在解除之前，监理人应作出合理安排，使开支减至最小。

因解除本合同或解除监理人的部分义务导致监理人遭受的损失，除依法可以免除责任的情况外，应由委托人予以补偿，补偿金额由双方协商确定。

解除本合同的协议必须采取书面形式，协议未达成之前，本合同仍然有效。

6.3.2 在本合同有效期内，因非监理人的原因导致工程施工全部或部分暂停，委托人可通知监理人要求暂停全部或部分工作。监理人应立即安排停止工作，并将开支减至最小。除不可抗力外，由此导致监理人遭受的损失应由委托人予以补偿。

暂停部分监理与相关服务时间超过182天，监理人可发出解除本合同约定的该部分义务的通知；暂停全部工作时间超过182天，监理人可发出解除本合同的通知，本合同自通知到达委托人时解除。委托人应将监理与相关服务的酬金支付至本合同解除日，且应承担第4.2款约定的责任。

6.3.3 当监理人无正当理由未履行本合同约定的义务时，委托人应通知监理人限期改正。若委托人在监理人接到通知后的7天内未收到监理人书面形式的合理解释，则可在7天内发出解除本合同的通知，自通知到达监理人时本合同解除。委托人应将监理与相关服务的酬金支付至限期改正通知到达监理人之日，但监理人应承担第4.1款约定的责任。

6.3.4 监理人在专用条件5.3中约定的支付之日起28天后仍未收到委托人按本合同约定应付的款项，可向委托人发出催付通知。委托人接到通知14天后仍未支付或未提出监理人可以接受的延期支付安排，监理人可向委托人发出暂停工作的通知并可自行暂停全部或部分工作。暂停工作后14天内监理人仍未获得委托人应付酬金或委托人的合理答复，监理人可向委托人发出解除本合同的通知，自通知到达委托人时本合同解除。委托人应承担第4.2.3款约定的责任。

6.3.5 因不可抗力致使本合同部分或全部不能履行时，一方应立即通知另一方，可暂停或解除本合同。

6.3.6 本合同解除后，本合同约定的有关结算、清理、争议解决方式的条件仍然有效。

6.4 终止

以下条件全部满足时，本合同即告终止：

（1）监理人完成本合同约定的全部工作；

（2）委托人与监理人结清并支付全部酬金。

7. 争议解决

7.1 协商

双方应本着诚信原则协商解决彼此间的争议。

7.2 调解

如果双方不能在 14 天内或双方商定的其他时间内解决本合同争议，可以将其提交给专用条件约定的或事后达成协议的调解人进行调解。

7.3 仲裁或诉讼

双方均有权不经调解直接向专用条件约定的仲裁机构申请仲裁或向有管辖权的人民法院提起诉讼。

8. 其他

8.1 外出考察费用

经委托人同意，监理人员外出考察发生的费用由委托人审核后支付。

8.2 检测费用

委托人要求监理人进行的材料和设备检测所发生的费用，由委托人支付，支付时间在专用条件中约定。

8.3 咨询费用

经委托人同意，根据工程需要由监理人组织的相关咨询论证会以及聘请相关专家等发生的费用由委托人支付，支付时间在专用条件中约定。

8.4 奖励

监理人在服务过程中提出的合理化建议，使委托人获得经济效益的，双方在专用条件中约定奖励金额的确定方法。奖励金额在合理化建议被采纳后，与最近一期的正常工作酬金同期支付。

8.5 守法诚信

监理人及其工作人员不得从与实施工程有关的第三方处获得任何经济利益。

8.6 保密

双方不得泄露对方申明的保密资料，亦不得泄露与实施工程有关的第三方所提供的保密资料，保密事项在专用条件中约定。

8.7 通知

本合同涉及的通知均应当采用书面形式，并在送达对方时生效，收件人应书面签收。

8.8 著作权

监理人对其编制的文件拥有著作权。

监理人可单独或与他人联合出版有关监理与相关服务的资料。除专用条件另有约定外，如果监理人在本合同履行期间及本合同终止后两年内出版涉及本工程的有关监理与相关服务的资料，应当征得委托人的同意。

第三部分 专 用 条 件

1. 定义与解释

1.2 解释

1.2.1 本合同文件除使用中文外，还可用_____。

1.2.2 约定本合同文件的解释顺序为：_____。

2. 监理人义务

2.1 监理的范围和内容

2.1.1 监理范围包括：_____

_____。

2.1.2 监理工作内容还包括：_____

_____。

2.2 监理与相关服务依据

2.2.1 监理依据包括：_____

_____。

2.2.2 相关服务依据包括：_____。

2.3 项目监理机构和人员

2.3.4 更换监理人员的其他情形：_____。

2.4 履行职责

2.4.3 对监理人的授权范围：_____

_____。

在涉及工程延期_____天内和（或）金额_____万元内的变更，监理人不需请示委托人即可向承包人发布变更通知。

2.4.4 监理人有权要求承包人调换其人员的限制条件：_____。

2.5 提交报告

监理人应提交报告的种类（包括监理规划、监理月报及约定的专项报告）、时间和份数：_____

_____。

2.7 使用委托人的财产

附录 B 中由委托人无偿提供的房屋、设备的所有权属于：_____。

监理人应在本合同终止后_____天内移交委托人无偿提供的房屋、设备，移交的时间和方式为：_____。

3. 委托人义务

3.4 委托人代表

委托人代表为：_____。

3.6 答复

委托人同意在____天内，对监理人书面提交并要求做出决定的事宜给予书面答复。

4. 违约责任

4.1 监理人的违约责任

4.1.1 监理人赔偿金额按下列方法确定：

赔偿金＝直接经济损失×正常工作酬金÷工程概算投资额（或建筑安装工程费）

4.2 委托人的违约责任

4.2.3 委托人逾期付款利息按下列方法确定：

逾期付款利息＝当期应付款总额×银行同期贷款利率×拖延支付天数

5. 支付

5.1 支付货币

币种为：_____，比例为：_____，汇率为：_____。

5.3 支付酬金

正常工作酬金的支付：

支付次数	支付时间	支付比例	支付金额（万元）
首付款	本合同签订后 7 天内		
第二次付款			
第三次付款			
……			
最后付款	监理与相关服务期届满 14 天内		

6. 合同生效、变更、暂停、解除与终止

6.1 生效

本合同生效条件：_____。

6.2 变更

6.2.2 除不可抗力外，因非监理人原因导致本合同期限延长时，附加工作酬金按下列方法确定：

附加工作酬金＝本合同期限延长时间（天）×正常工作酬金÷协议书约定的监理与相关服务期限（天）

6.2.3 附加工作酬金按下列方法确定：

附加工作酬金＝善后工作及恢复服务的准备工作时间（天）×正常工作酬金÷协议书约定的监理与相关服务期限（天）

6.2.5 正常工作酬金增加额按下列方法确定：

正常工作酬金增加额＝工程投资额或建筑安装工程费增加额×正常工作酬金÷工程概算投资额（或建筑安装工程费）

6.2.6 因工程规模、监理范围的变化导致监理人的正常工作量减少时，按减少工作量的比例从协议书约定的正常工作酬金中扣减相同比例的酬金。

7. 争议解决

7.2 调解

本合同争议进行调解时，可提交_____进行调解。

7.3 仲裁或诉讼

合同争议的最终解决方式为下列第_____种方式：

（1）提请_____仲裁委员会进行仲裁。

（2）向_____人民法院提起诉讼。

8. 其他

8.2 检测费用

委托人应在检测工作完成后_____天内支付检测费用。

8.3 咨询费用

委托人应在咨询工作完成后_____天内支付咨询费用。

8.4 奖励

合理化建议的奖励金额按下列方法确定为：

奖励金额＝工程投资节省额×奖励金额的比率；

奖励金额的比率为_____％。

8.6 保密

委托人申明的保密事项和期限：_____。

监理人申明的保密事项和期限：_____。

第三方申明的保密事项和期限：_____。

8.8 著作权

监理人在本合同履行期间及本合同终止后两年内出版涉及本工程的有关监理与相关服务的资料的限制条件：

_____

_____。

9. 补充条款

_____

_____。

附录 A 相关服务的范围和内容

A-1 勘察阶段：_____

_____。

A-2 设计阶段：_____

_____。

A-3 保修阶段：_____

_____。

A-4 其他（专业技术咨询、外部协调工作等）：_____

_____。

附录 B 委托人派遣的人员和提供的房屋、资料、设备

B-1 委托人派遣的人员

名　称	数　量	工 作 要 求	提 供 时 间
1. 工程技术人员			
2. 辅助工作人员			
3. 其他人员			

B-2 委托人提供的房屋

名　称	数　量	面　积	提 供 时 间
1. 办公用房			
2. 生活用房			
3. 试验用房			
4. 样品用房			
用餐及其他生活条件			

B-3 委托人提供的资料

名　称	份　数	提供时间	备　注
1. 工程立项文件			
2. 工程勘察文件			
3. 工程设计及施工图纸			
4. 工程承包合同及其他相关合同			
5. 施工许可文件			
6. 其他文件			

B-4 委托人提供的设备

名　称	数　量	型号与规格	提供时间
1. 通信设备			
2. 办公设备			
3. 交通工具			
4. 检测和试验设备			

附录四 建设工程监理与相关服务收费管理规定

国家发展改革委、建设部关于印发《建设工程监理与相关服务收费管理规定》的通知

发改价格 [2007] 670 号

国务院有关部门，各省、自治区、直辖市发展改革委、物价局、建设厅（委）：

为规范建设工程监理及相关服务收费行为，维护委托双方合法权益，促进工程监理行业健康发展，我们制定了《建设工程监理与相关服务收费管理规定》，现印发给你们，自2007年5月1日起执行。原国家物价局、建设部下发的《关于发布工程建设监理费有关规定的通知》（[1992] 价费字479号）自本规定生效之日起废止。

附：建设工程监理与相关服务收费管理规定

国家发展改革委 建设部
二〇〇七年三月三十日

附：

建设工程监理与相关服务收费管理规定

第一条 为规范建设工程监理与相关服务收费行为，维护发包人和监理人的合法权益，根据《中华人民共和国价格法》及有关法律、法规，制定本规定。

第二条 建设工程监理与相关服务，应当遵循公开、公平、公正、自愿和诚实信用的原则。依法须招标的建设工程，应通过招标方式确定监理人。监理服务招标应优先考虑监理单位的资信程度、监理方案的优劣等技术因素。

第三条 发包人和监理人应当遵守国家有关价格法律法规的规定，接受政府价格主管部门的监督、管理。

第四条 建设工程监理与相关服务收费根据建设项目性质不同情况，分别实行政府指导价或市场调节价。依法必须实行监理的建设工程施工阶段的监理收费实行政府指导价；其他建设工程施工阶段的监理收费和其他阶段的监理与相关服务收费实行市场调节价。

第五条 实行政府指导价的建设工程施工阶段监理收费，其基准价根据《建设工程监理与相关服务收费标准》计算，浮动幅度为上下20%。发包人和监理人应当根据建设工程的实际情况在规定的浮动幅度内协商确定收费额。实行市场调节价的建设工程监理与相关服务收费，由发包人和监理人协商确定收费额。

第六条 建设工程监理与相关服务收费，应当体现优质优价的原则。在保证工程质量

的前提下，由于监理人提供的监理与相关服务节省投资，缩短工期，取得显著经济效益的，发包人可根据合同约定奖励监理人。

第七条　监理人应当按照《关于商品和服务实行明码标价的规定》，告知发包人有关服务项目、服务内容、服务质量、收费依据，以及收费标准。

第八条　建设工程监理与相关服务的内容、质量要求和相应的收费金额以及支付方式，由发包人和监理人在监理与相关服务合同中约定。

第九条　监理人提供的监理与相关服务．应当符合国家有关法律、法规和标准规范，满足合同约定的服务内容和质量等要求。监理人不得违反标准规范规定或合同约定，通过降低服务质量、减少服务内容等手段进行恶性竞争，扰乱正常市场秩序。

第十条　由于非监理人原因造成建设工程监理与相关服务工作量增加或减少的，发包人应当按合同约定与监理人协商另行支付或扣减相应的监理与相关服务费用。

第十一条　由于监理人原因造成监理与相关服务工作量增加的，发包人不另行支付监理与相关服务费用。

监理人提供的监理与相关服务不符合国家有关法律、法规和标准规范的，提供的监理服务人员、执业水平和服务时间未达到监理工作要求的，不能满足合同约定的服务内容和质量等要求的，发包人可按合同约定扣减相应的监理与相关服务费用。

由于监理人工作失误给发包人造成经济损失的，监理人应当按照合同约定依法承担相应赔偿责任。

第十二条　违反本规定和国家有关价格法律、法规规定的，由政府价格主管部门依据《中华人民共和国价格法》、《价格违法行为行政处罚规定》予以处罚。

第十三条　本规定及所附《建设工程监理与相关服务收费标准》，由国家发展改革委会同建设部负责解释。

第十四条　本规定自 2007 年 5 月 1 日起施行，规定生效之日前己签订服务合同及在建项目的相关收费不再调整。原国家物价局与建设部联合发布的《关于发布工程建设监理费有关规定的通知》（〔1992〕价费字 479 号）同时废止。国务院有关部门及各地制定的相关规定与本规定相抵触的，以本规定为准。

附件：建设工程监理与相关服务收费标准

建设工程监理与相关服务收费标准总则

1.0.1　建设工程监理与相关服务是指监理人接受发包人的委托，提供建设工程施工阶段的质量、进度、费用控制管理和安全生产监督管理、合同、信息等方面协调管理服务，以及勘察、设计、保修等阶段的相关服务。各阶段的工作内容见《建设工程监理与相关服务的主要工作内容》（附表一）。

1.0.2　建设工程监理与相关服务收费包括建设工程施工阶段的工程监理（以下简称"施工监理"）服务收费和勘察、设计、保修等阶段的相关服务（以下简称"其他阶段的相关服务"）收费。

1.0.3　铁路、水运、公路、水电、水库工程的施工监理服务收费按建筑安装工程费分档定额计费方式计算收费。其他工程的施工监理服务收费按照建设项目工程概算投资额分档定额计费方式计算收费。

1.0.4 其他阶段的相关服务收费一般按相关服务工作所需工日和《建设工程监理与相关服务人员人工日费用标准》（附表四）收费。

1.0.5 施工监理服务收费按照下列公式计算：

（1）施工监理服务收费＝施工监理服务收费基准价×（1±浮动幅度值）；

（2）施工监理服务收费基准价＝施工监理服务收费基价×专业调整系数×工程复杂程度调整系数×高程调整系数。

1.0.6 施工监理服务收费基价

施工监理服务收费基价是完成国家法律法规、规范规定的施工阶段监理基本服务内容的价格。施工监理服务收费基价按《施工监理服务收费基价表》（附表二）确定，计费额处于两个数值区间的，采用直线内插法确定施工监理服务收费基价。

1.0.7 施工监理服务收费基准价

施工监理服务收费基准价是按照本收费标准规定的基价和1.0.5（2）计算出的施工监理服务基准收费额。发包人与监理人根据项目的实际情况，在规定的浮动幅度范围内协商确定施工监理服务收费合同额。

1.0.8 施工监理服务收费的计费额

施工监理服务收费以建设项目工程概算投资额分档定额计费方式收费的，其计费额为工程概算中的建筑安装工程费、设备购置费和联合试运转费之和，即工程概算投资额。对设备购置费和联合试运转费占工程概算投资额40%以上的工程项目，其建筑安装工程费全部计入计费额，设备购置费和联合试运转费按40%的比例计入计费额。但其计费额不应小于建筑安装工程费与其相同且设备购置费和联合试运转费等于工程概算投资额40%的工程项目的计费额。

工程中有利用原有设备并进行安装调试服务的，以签订工程监理合同时同类设备的当期价格作为施工监理服务收费的计费额；工程中有缓配设备的，应扣除签订工程监理合同时同类设备的当期价格作为施工监理服务收费的计费额；工程中有引进设备的，按照购进设备的离岸价格折换成人民币作为施工监理服务收费的计费额。

施工监理服务收费以建筑安装工程费分档定额计费方式收费的，其计费额为工程概算中的建筑安装工程费。

作为施工监理服务收费计费额的建设项目工程概算投资额或建筑安装工程费均指每个监理合同中约定的工程项目范围的计费额。

1.0.9 施工监理服务收费调整系数

施工监理服务收费调整系数包括：专业调整系数、工程复杂程度调整系数和高程调整系数。

（1）专业调整系数是对不同专业建设工程的施工监理工作复杂程度和工作量差异进行调整的系数。计算施工监理服务收费时，专业调整系数在《施工监理服务收费专业调整系数表》（附表三）中查找确定。

（2）工程复杂程度调整系数是对同一专业建设工程的施工监理复杂程度和工作量差异进行调整的系数。工程复杂程度分为一般、较复杂和复杂三个等级，其调整系数分别为：一般（Ⅰ级）0.85；较复杂（Ⅱ级）1.0；复杂（Ⅲ级）1.15。计算施工监理服务收费时，工程复杂程度在相应章节的《工程复杂程度表》中查找确定。

（3）高程调整系数如下：

海拔高程 2001m 以下的为 1；

海拔高程 2001～3000m 为 1.1；

海拔高程 3001～3500m 为 1.2；

海拔高程 3501～4000m 为 1.3；

海拔高程 4001m 以上的，高程调整系数由发包人和监理人协商确定。

1.0.10 发包人将施工监理服务中的某一部分工作单独发包给监理人，按照其占施工监理服务工作量的比例计算施工监理服务收费，其中质量控制和安全生产监督管理服务收费不宜低于施工监理服务收费额的 70％。

1.0.11 建设工程项目施工监理服务由两个或者两个以上监理人承担的，各监理人按照其占施工监理服务工作量的比例计算施工监理服务收费。发包人委托其中一个监理人对建设工程项目施工监理服务总负责的，该监理人按照各监理人合计监理服务收费额的 4％～6％向发包人收取总体协调费。

1.0.12 本收费标准不包括本总则 1.0.1 以外的其他服务收费。其他服务收费，国家有规定的，从其规定；国家没有规定的，由发包人与监理人协商确定。

2 矿山采选工程

2.1 矿山采选工程范围

适用于有色金属、黑色冶金、化学、非金属、黄金、铀、煤炭以及其他矿种采选工程。

2.2 矿山采选工程复杂程度

2.2.1 采矿工程

采矿工程复杂程度表

表 2.2-1

等级	工　程　特　征
Ⅰ级	1. 地形、地质、水文条件简单； 2. 煤层、煤质稳定，全区可采，无岩浆岩侵入，无自然发火的矿井工程； 3. 立井筒垂深<300m，斜井筒斜长<500m； 4. 矿田地形为Ⅰ、Ⅱ类，煤层赋存条件属Ⅰ、Ⅱ类，可采煤层 2 层以下，煤层埋藏深度<100m，采用单一开采工艺的煤炭露天采矿工程； 5. 两种矿石品种，有分类、分贮、分运设施的露天采矿工程； 6. 矿体埋藏垂深<120m 的山坡与深凹露天矿； 7. 矿石品种单一，斜井，平硐溜井，主、副、风井条数<4 条的矿井工程
Ⅱ级	1. 地形、地质、水文条件较复杂； 2. 低瓦斯、偶见少量岩浆岩、自然发火倾向小的矿井工程； 3. 300m≤立井筒垂深<800m，500m≤斜井筒斜长<1000m，表土层厚度<300m； 4. 矿田地形为Ⅲ类及以上，煤层赋存条件属Ⅲ类，煤层结构复杂，可采煤层多于 2 层，煤层埋藏深度≥100m，采用综合开采工艺的煤炭露天采矿工程； 5. 有两种矿石品种，主、副、风井条数≥4 条，有分采、分贮、分运设施的矿井工程； 6. 两种以上开拓运输方式，多采场的露天矿； 7. 矿体埋藏垂深≥120m 的深凹露天矿； 8. 采金工程

等级	工 程 特 征
Ⅲ级	1. 地形、地质、水文条件较复杂； 2. 水患严重、有岩浆岩侵入、有自然发火危险的矿井工程； 3. 地压大，地温局部偏高，煤尘具爆炸性，高瓦斯矿井，煤层及瓦斯突出的矿井工程； 4. 立井筒垂深≥800m，斜井筒斜长≥1000m，表土层厚度≥300m； 5. 开采运输系统复杂，斜井胶带，联合开拓运输系统，有复杂的疏干、排水系统及设施； 6. 两种以上矿石品种，又分采、分贮、分运设施，采用充填采矿法或特殊采矿法的各类采矿工程； 7. 铀采矿工程

2.2.2 选矿工程

选矿工程复杂程度表　　　　　　　　　　表 2.2-2

等级	工 程 特 征
Ⅰ级	1. 新建筛选厂（车间）工程； 2. 处理易选矿石，单一产品及选矿方法的选矿工程
Ⅱ级	1. 新建和改扩建洗下限≥25mm选煤厂工程； 2. 两种矿产品及选矿方法的选矿工程
Ⅲ级	1. 新建和改扩建洗下限≥25mm选煤厂、水煤浆制备及燃烧应用工程； 2. 两种以上矿产品及选矿方法的选矿工程

3 加工冶炼工程

3.1 加工冶炼工程范围

适用于机械、船舶、兵器、航空、航天、电子、核加工、轻工、纺织、商物粮、建材、钢铁、有色等各类加工工程，钢铁、有色等冶炼工程。

3.2 加工冶炼工程复杂程度

加工冶炼工程复杂程度表　　　　　　　　　　表 3.2-1

等级	工 程 特 征
Ⅰ级	1. 一般机械辅机及配套厂工程； 2. 船舶辅机及配套厂，船舶普行仪器厂，吊车道工程； 3. 防化民爆工程，光电工程； 4. 文体用品、玩具、工艺美术、日用杂品、金属制品厂等工程； 5. 针织、服装厂工程； 6. 小型林产加工工程； 7. 小型冷库、屠宰厂、制冰厂，一般农业（粮食）与内贸加工工程； 8. 普通水泥、砖瓦水泥制品厂工程； 9. 一般简单加工及冶炼辅助单体工程和单体附属工程； 10. 小型、技术简单的建筑铝材、铜材加工及配套工程

等级	工 程 特 征
Ⅱ级	1. 试验站（室），试车台，计量检测站，自动化立体和多层仓库工程，动力、空分等站房工程； 2. 造船厂，修船厂，坞修车间，船台滑道，船模试验水池，海洋开发工程设备厂，水声设备及水中兵器厂工程； 3. 坦克装甲车车辆、枪炮工程； 4. 航空装配厂、维修厂、辅机厂，航空、航天试验测试及零部件厂，航天产品部装厂工程； 5. 电子整机及基础产品项目工程，显示器件项目工程； 6. 食品发酵烟草工程，制糖工程，制盐及盐化工程．皮革毛皮及其制品工程，家电及日用机械工程，日用硅酸盐工程； 7. 纺织工程； 8. 林产加工工程； 9. 商物粮加工工程； 10. ＜2000t/d的水泥生产线。普通玻璃、陶瓷、耐火材料工程，特种陶瓷生产线工程，新型建筑材料工程； 11. 焦化、耐火材料、烧结球团及辅助、加工和配套工程，有色、钢铁冶炼等辅助、加工和配套工程
Ⅲ级	1. 机械主机制造厂工程； 2. 船舶工业特种涂装车间，干船坞工程； 3. 火炸药及火工品工程，弹箭引信工程； 4. 航空主机厂，航天产品总装厂工程； 5. 微电子产品项目工程，电子特种环境工程，电子系统工程； 6. 核燃料元/组件、铀浓缩、核技术及同位素应用工程； 7. 制浆造纸工程，日用化工工程； 8. 印染工程； 9. ≥2000t/d的水泥生产线，浮法玻璃生产线； 10. 有色、钢铁冶炼（含连铸）工程，轧钢工程

4 石油化工工程

4.1 石油化工工程范围

适用于石油、天然气、石油化工、化工、火化工、核化工、化纤、医药工程。

4.2 石油化工工程复杂程度

石油化工工程复杂程度表 表4.2-1

等级	工 程 特 征
Ⅰ级	1. 油气田井口装置和内部集输管线，油气计量站、接转站等场站，总容积＜50000m³或品种＜5种的独立油库工程； 2. 平原微丘陵地区长距离油、气、水煤浆等各种介质的输送管道和中间场站工程； 3. 无机盐、橡胶制品、混配肥工程； 4. 石油化工工程的辅助生产设施和公用工程

等级	工程特征
Ⅱ级	1. 油气田原油脱水转油站、油气水联合处理站，总容积≥50000 m³ 或品种＜5 种的独立油库，天然气处理和轻烃回收厂站，三次采油回注水处理工程，硫磺回收及下游装置，稠油及三次采油联合处理站，油气田天然气液化及提氢、地下储气库； 2. 山区沼泽地带长距离油、气、水煤浆等各种介质的输送管道和首站、末站、压气站、调度中心工程； 3. 500 万 t/年以下的常减压蒸馏及二次加工装置，丁烯氧化脱氢、MTBE、丁二烯抽提、乙腈生产装置工程； 4. 磷肥、农药、精细化工、生物化工、化纤工程； 5. 医药工程； 6. 冷冻、脱盐、联合控制室、中高压热力站、环境监测、工业监视、三级污水处理工程
Ⅲ级	1. 海上油气田工程； 2. 长输管道的穿跨越工程； 3. 500 万 t/年及以上的常减压蒸馏及二次加工装置，芳烃抽提、芳烃（PX），乙烯、精对苯二甲酸等单体原料，合成材料，LPG、LNG 低温储存运输设施工程； 4. 合成氨、制酸、制碱、复合肥、火化工、煤化工工程； 5. 核化工、放射性药品工程

5 水利电力工程

5.1 水利电力工程范围

适用于水利、发电、送电、变电、核能工程。

5.2 水利电力工程复杂程度

水利、发电、送电、变电、核能工程复杂程度表   表 5.2-1

等级	工程特征
Ⅰ级	1. 单机容量 20MW 及以下凝汽式机组发电工程，燃气轮机发电工程，50MW 及以下供热机组发电工程； 2. 电压等级 220kV 及以下的送电、变电工程； 3. 最大坝高＜70m，边坡高度＜50m，基础处理深度＜20m 的水库水电工程； 4. 施工明渠导流建筑物与土石围堰； 5. 总装机容量＜50MW 的水电工程； 6. 单洞长度＜1km 的隧洞； 7. 无特殊环保要求
Ⅱ级	1. 单机容量 300～600MW 凝汽式机组发电工程，单机容量 50MW 以上供热机组发电工程，新能源发电工程（可再生能源、风电、潮汐等）； 2. 电压等级 330kV 的送电、变电工程； 3. 70m≤最大坝高＜100m 或 1000 万 m³≤库容＜1 亿 m³ 的水库水电工程； 4. 地下洞室的跨度＜15m，50m≤边坡高度＜100m，20m≤基础处理深度＜40m 的水电工程； 5. 施工隧洞导流建筑物（洞径＜10m）或混凝土围堰（最大坝高＜20m）； 6. 50MW≤总装机容量＜1000MW 的水电工程； 7. 1km≤单洞长度＜4km 的隧洞； 8. 工程位于省级重点环境（生态）保护区内，或毗邻省级重点环境（生态）保护区，有较高环保要求

等级	工 程 特 征
Ⅲ级	1. 单机容量 600MW 以上凝汽式机组发电工程； 2. 换流站工程，电压等级≥500kV 送电、变电工程； 3. 核能工程； 4. 最入坝高≥100m 或库容≥1 亿 m^3 的水库水电工程； 5. 地下洞室的跨度≥15m，边坡高度≥100m，基础处理深度≥40m 的水库水电工程； 6. 施工隧洞导流建筑物（洞径≥10m）或混凝土围堰（最大堰高≥20m）； 7. 总装机容量≥1000MW 的水库水电工程； 8. 单洞长度≥4km 的水工隧洞； 9. 工程位于国家级重点环境（生态）保护区内，或毗邻国家级重点环境（生态）保护区，有特殊的环保要求

5.2.2 其他水利工程

其他水利工程复杂程度表   表 5.2-2

等级	工 程 特 征
Ⅰ级	1. 流量＜15m^3/s 的引调水渠道管线工程； 2. 堤防等级Ⅴ级的河道治理建（构）筑物及河道堤防工程； 3. 灌区田间工程； 4. 水土保持工程
Ⅱ级	1. 15m^3≤流量＜25 m^3 的引调水渠道管线工程； 2. 引调水工程中的建筑物工程； 3. 丘陵、山区、沙漠地区的引调水渠道管线工程； 4. 堤防等级Ⅲ、Ⅳ级的河道治理建（构）筑物及河道堤防工程
Ⅲ级	1. 流量≥25m^3/s 的引调水渠道管线工程； 2. 丘陵、山区、沙漠地区的引调水建筑物工程； 3. 堤防等级Ⅰ、Ⅱ级的河道治理建（构）筑物及河道堤防工程； 4. 护岸、防波堤、悬堰、人工岛、围垦工程，城镇防洪、河口整治工程

6 交通运输工程

6.1 交通运输工程范围

适用了于铁路、公路、水运、城市交通、民用机场、索道共程。

6.2 交通运输工程复杂程度

6.2.1 铁路工程

铁路工程复杂程度表   表 6.2-1

等级	工 程 特 征
Ⅰ级	Ⅱ、Ⅲ、Ⅳ级铁路
Ⅱ级	1. 时速 200km 客货共线； 2. Ⅰ级铁路； 3. 货运专线； 4. 独立特大桥； 5. 独立隧道

等级	工 程 特 征
Ⅲ级	1. 客运专线； 2. 技术特别复杂的工程

注：1. 复杂程度调整系数Ⅰ级为 0.85，Ⅱ级为 1，Ⅲ为 0.95；

　　2. 复杂程度等级Ⅱ级的新建双线复杂程度调整系数为 0.85。

6.2.2　公路、城市道路、轨道交通、索道工程

公路、城市道路、轨道交通、索道工程复杂程度表　　　表 6.2-2

等级	工 程 特 征
Ⅰ级	1. 三级、四级公路及相应的机电工程； 2. 一级公路、二级公路的机电工程
Ⅱ级	1. 一级公路、二级公路； 2. 高速公路的机电工程； 3. 城市道路、广场、停车场工程
Ⅲ级	1. 高速公路工程； 2. 城市地铁、轻轨； 3. 客（货）运索道工程

注：穿越山岭重丘区的复杂程度Ⅱ、Ⅲ级公路工程项目的部分复杂程度调整系数分别为 1.1 和 1.26。

6.2.3　公路桥梁、城市桥梁和隧道工程

公路桥梁、城市桥梁和隧道工程复杂程度表　　　表 6.2-3

等级	工 程 特 征
Ⅰ级	1. 总长<1000m 或单孔跨径<150m 的公路桥梁； 2. 长度<1000m 的隧道工程； 3. 人行天桥、涵洞工程
Ⅱ级	1. 总长≥1000m 或 150m≤单孔跨径<250m 的公路桥梁； 2. 1000m≤长度<3000m 的隧道工程； 3. 城市桥梁、分离式立交桥，地下通道工程
Ⅲ级	1. 主跨≥250m 拱桥，单跨≥250m 预应力混凝土连续结构，≥400m 斜拉桥，≥800m 悬索桥； 2. 连拱隧道、水底隧道、长度≥3000m 的隧道工程； 3. 城市互通式立交桥

6.2.4　水运工程

水运工程复杂程度表　　　表 6.2-4

等级	工 程 特 征
Ⅰ级	1. 沿海港口、航道工程：码头<1000t 级，航道<5000t 级； 2. 内河港口、航道整治、通航建筑工程：码头、航道整治、船闸<100t 级； 3. 修造船厂水工工程：船坞、舾装码头<3000t 级，船台、滑道船体重量<1000t； 4. 各类疏浚、吹填、造陆工程

等级	工 程 特 征
Ⅱ级	1. 沿海港口、航道工程：1000t 级≤码头＜10000t 级，5000t 级≤航道＜30000 t 级，护岸、引堤、防波堤等建筑物； 2. 油、气等危险品码头工程＜1000t 级； 3. 内河港口、航道整治、通航建筑工程：100t 级≤码头＜1000t 级，100t 级≤航道整治＜1000t 级，100t 级≤船闸＜500t 级，升船机＜300t 级； 4. 修造船厂水工工程：3000t 级≤船坞、舾装码头＜10000t 级，1000t 级≤船台、滑道船体重量＜5000t
Ⅲ级	1. 沿海港口、航道工程：码头≥10000t 级，航道≥30000 t 级； 2. 油、气等危险品码头工程≥1000t 级； 3. 内河港口、航道整治、通航建筑工程：码头、航道整治≥1000t 级，船闸≥500t 级，升船机≥300t 级； 4. 航运（电）枢纽工程； 5. 修造船厂水工工程：船坞、舾装码头≥10000t 级，船台、滑道船体重量＞5000t； 6. 水上交通管制工程

6.2.5 民用机场工程

民用机场工程复杂程度表　　　　　　　　　表 6.2-5

等级	工 程 特 征
Ⅰ级	3C 及以下场道、空中交通管制及助航灯光工程（项目单一或规模较小工程）
Ⅱ级	4C、4D 场道、空中交通管制及助航灯光工程（中等规模工程）
Ⅲ级	4E 及以上场道、空中交通管制及助航灯光工程（大型综合工程含配套措施）

注：工程项目规模划分标准见《民用机场飞行准》。

7 建筑市政工程

7.1 建筑市政工程范围

适用于建筑、人防、市政公用、园林绿化、广播电视、邮政、电信工程。

7.2 建筑市政工程复杂程度

7.2.1 建筑、人防工程

建筑、人防工程复杂程度表　　　　　　　　表 7.2-1

等级	工 程 特 征
Ⅰ级	1. 高度＜24m 的公共建筑和住宅工程； 2. 跨度＜24m 的厂房和仓储建筑工程； 3. 室外工程及简单的配套用房； 4. 高度＜70m 的高耸构筑物
Ⅱ级	1. 24m≤高度＜50m 的公共建筑工程； 2. 24m≤跨度＜36m 的厂房和仓储建筑工程； 3. 高度≥24m 的住宅工程； 4. 仿古建筑，一般标准的古建筑、保护性建筑以及地下建筑工程； 5. 装饰、装修工程； 6. 防护级别为四级及以下的人防工程； 7. 70m≤高度＜120m 的高耸构筑物

等级	工 程 特 征
Ⅲ级	1. 高度≥50m 的公共建筑工程，或跨度≥36m 的厂房和仓储建筑工程； 2. 高标准的古建筑、保护性建筑； 3. 防护级别为四级以上的人防工程； 4. 高度≥120m 的高耸构筑物

7.2.2 市政公用、园林绿化工程

市政公用、园林绿化工程复杂程度表 　　　　　　　　表 7.2-2

等级	工 程 特 征
Ⅰ级	1. $Dn<1.0m$ 的给排水地下管线工程； 2. 小区内燃气管道工程； 3. 小区供热管网工程，$<2MW$ 的小型换热站工程； 4. 小型垃圾中转站，简易堆肥工程
Ⅱ级	1. $Dn≥1.0m$ 的给排水地下管线工程；$<3m^3/s$ 的给水、污水泵站；<10 万 t/d 给水厂工程，<5 万 t/d 污水处理厂工程； 2. 城市中、低压燃气管网（站），$<1000m^3$，液化气贮罐场（站）； 3. 锅炉房，城市供热管网工程，$≥2MW$ 换热站工程； 4. $≥100t/d$ 的垃圾中转站，垃圾填埋工程； 5. 园林绿化工程
Ⅲ级	1. $≥3 m^3/s$ 的给水、污水泵站，$≥10$ 万 t/d 给水厂工程，$≥5$ 万 t/7d 污水处理厂工程； 2. 城市高压燃气管网（站），$≥1000m^3$ 液化气贮罐场（站）； 3. 垃圾焚烧工程； 4. 海底排污管线．海水取排水、淡化及处理工程

7.2.3 广播电视、邮政、电信工程

广播电视、邮政、电信工程复杂程度表 　　　　　　　　表 7.2-3

等级	工 程 特 征
Ⅰ级	1. 广播电视中心设备（广播 2 套及以下，电视 3 套及以下）工程； 2. 中短波发射台（中波单机功率 $P<1kW$，短波单机功率 $P<50kW$）工程； 3. 电视、调频发射塔（台）设备（单机功率 $P<1kW$）工程； 4. 广播电视收测台设备工程；三级邮件处理中心工艺工程
Ⅱ级	1. 广播电视中心设备（广播 3~5 套，电视 4~6 套）工程； 2. 中短波发射台（中波单机功率 $1kW≤P<20kW$，短波单机功率 $50kW≤P<150kW$）工程； 3. 电视、调频发射塔（台）设备（中波单机功率 $1kW≤P<10kW$，塔高 $<200m$）工程； 4. 广播电视传输网络工程；二级邮件处理中心工艺工程； 5. 电声设备、演播厅、录（播）音馆、摄影棚设备工程； 6. 广播电视卫星地球站、微波站设备工程； 7. 电信工程

等级	工 程 特 征
Ⅲ级	1. 广播电视中心设备（广播 6 套以上，电视 7 套以上）工程； 2. 中短波发射台设备（中波单机功率 $P \geqslant 20\text{kW}$，短波单机功率 $P \geqslant 150\text{kW}$）工程； 3. 电视、调频发射塔（台）设备（中波单机功率 $P \geqslant 10\text{kW}$，塔高 $\geqslant 200\text{m}$）工程； 4. 一级邮件处理中心工艺工程

8 农业林业工程

8.1 农业林业工程范围

适用于农业、林业工程。

8.2 农业林业工程复杂程度

农业、林业工程复杂程度为Ⅱ级。

建设工程监理与相关服务的主要工作内容　　　　　　　附表一

服务阶段	主要工作内容	备　注
勘察阶段	协助发包人编制勘察要求、选择勘察单位，核查勘察方案并监督实施和进行相应的控制，参与验收勘察成果	建设工程勘察、设计、施工、保修等阶段监理与相关服务的具体工作内容执行国家、行业有关规范、规定
设计阶段	协助发包人编制设计要求、选择设计单位，组织评选设计方案，对各设计单位进行协调管理，监督合同履行，审查设计进度计划并监督实施，核查设计大纲和设计深度、使用技术规范合理性，提出设计评估报告（包括各阶段设计的核查意见和优化建议），协助审核设计概算	
施工阶段	施工过程中的质量、进度、费用控制。安全生产监督管理、合同、信息等方面的协调管理	
保修阶段	检查和记录工程质量缺陷，对缺陷原因进行调查分析并确定责任归属，审核修复方案，监督修复过程并验收，审核修复费用	

施工监理服务收费基价表（单位：万元）　　　　　　　附表二

序号	计费额	收费基价
1	500	16.5
2	1000	30.1
3	3000	78.1
4	5000	120.8
5	8000	181.0
6	10000	218.6
7	20000	393.4
8	40000	708.2
9	60000	991.4
10	80000	1255.8

序号	计费额	收费基价
11	100000	1507.0
12	200000	2712.5
13	400000	4882.6
14	600000	6835.6
15	800000	8658.4
16	1000000	10390.1

注：计费额大于1000000万元的，以计费额乘以1.039%的收费率计算改费基价，其他未包含的其收费由双方协商议定。

施工监理服务收费专业调整系数表 附表三

工程类型	专业调整系数
1. 矿山采选工程	
黑色、有色、黄金、化学、非金属及其他矿采选工程	0.9
选煤及其他煤炭工程	1.0
矿井工程、铀矿采选工程	1.1
2. 加工冶炼工程	
冶炼工程	0.9
船舶水工工程	1.0
各类加工工程	1.0
核加工工程	1.2
3. 石油化工工程	
石油工程	0.9
化工、石化、化纤、医药工程	1.0
核化工工程	1.2
4. 水利电力工程	
风力发电、其他水利工程	0.9
火电工程、送变电工程	1.0
核能、水电、水库工程	1.2
5. 交通运输工程	
机场道路、助航灯光工程	0.9
铁路、公路、城市道路、轻轨及机场空管工程	1.0
水运、地铁、桥梁、隧道、索道工程	1.1
6. 建筑市政工程	
园林绿化工程	0.8
建筑、人防、市政公用工程	1.0
邮电、电信、广播电视工程	1.0
7. 农业林业工程	
农业工程	0.9
林业工程	0.9

建设工程监理与相关服务人员人工日费用标准   附表四

建设工程监理与相关服务人员职级	工日费用标准（元）
一、高级专家	1000～1200
二、高级专业技术职称的监理与相关服务人员	800～1000
三、中级专业技术职称的监理与相关服务人员	600～800
四、初级及以下专业技术职称监理与相关服务人员	300～600

注：本表适用于提供短期服务的人工费用标准。

附录五 注册监理工程师管理规定

中华人民共和国建设部令

第 147 号

《注册监理工程师管理规定》已于 2005 年 12 月 31 日经建设部第 83 次常务会议讨论通过，现予发布，自 2006 年 4 月 1 日起施行。

建设部部长 汪光焘

二〇〇六年一月二十六日

注册监理工程师管理规定

第一章 总 则

第一条 为了加强对注册监理工程师的管理，维护公共利益和建筑市场秩序，提高工程监理质量与水平，根据《中华人民共和国建筑法》、《建设工程质量管理条例》等法律法规，制定本规定。

第二条 中华人民共和国境内注册监理工程师的注册、执业、继续教育和监督管理，适用本规定。

第三条 本规定所称注册监理工程师，是指经考试取得中华人民共和国监理工程师资格证书（以下简称资格证书），并按照本规定注册，取得中华人民共和国注册监理工程师注册执业证书（以下简称注册证书）和执业印章，从事工程监理及相关业务活动的专业技术人员。

未取得注册证书和执业印章的人员，不得以注册监理工程师的名义从事工程监理及相关业务活动。

第四条 国务院建设主管部门对全国注册监理工程师的注册、执业活动实施统一监督管理。

县级以上地方人民政府建设主管部门对本行政区域内的注册监理工程师的注册、执业活动实施监督管理。

第二章 注 册

第五条 注册监理工程师实行注册执业管理制度。

取得资格证书的人员，经过注册方能以注册监理工程师的名义执业。

第六条 注册监理工程师依据其所学专业、工作经历、工程业绩，按照《工程监理企

89

业资质管理规定》划分的工程类别，按专业注册。每人最多可以申请两个专业注册。

第七条 取得资格证书的人员申请注册，由省、自治区、直辖市人民政府建设主管部门初审，国务院建设主管部门审批。

取得资格证书并受聘于一个建设工程勘察、设计、施工、监理、招标代理、造价咨询等单位的人员，应当通过聘用单位向单位工商注册所在地的省、自治区、直辖市人民政府建设主管部门提出注册申请；省、自治区、直辖市人民政府建设主管部门受理后提出初审意见，并将初审意见和全部申报材料报国务院建设主管部门审批；符合条件的，由国务院建设主管部门核发注册证书和执业印章。

第八条 省、自治区、直辖市人民政府建设主管部门在收到申请人的申请材料后，应当即时作出是否受理的决定，并向申请人出具书面凭证；申请材料不齐全或者不符合法定形式的，应当在 5 日内一次性告知申请人需要补正的全部内容。逾期不告知的，自收到申请材料之日起即为受理。

对申请初始注册的，省、自治区、直辖市人民政府建设主管部门应当自受理申请之日起 20 日内审查完毕，并将申请材料和初审意见报国务院建设主管部门。国务院建设主管部门自收到省、自治区、直辖市人民政府建设主管部门上报材料之日起，应当在 20 日内审批完毕并作出书面决定，并自作出决定之日起 10 日内，在公众媒体上公告审批结果。

对申请变更注册、延续注册的，省、自治区、直辖市人民政府建设主管部门应当自受理申请之日起 5 日内审查完毕，并将申请材料和初审意见报国务院建设主管部门。国务院建设主管部门自收到省、自治区、直辖市人民政府建设主管部门上报材料之日起，应当在 10 日内审批完毕并作出书面决定。

对不予批准的，应当说明理由，并告知申请人享有依法申请行政复议或者提起行政诉讼的权利。

第九条 注册证书和执业印章是注册监理工程师的执业凭证，由注册监理工程师本人保管、使用。

注册证书和执业印章的有效期为 3 年。

第十条 初始注册者，可自资格证书签发之日起 3 年内提出申请。逾期未申请者，须符合继续教育的要求后方可申请初始注册。

申请初始注册，应当具备以下条件：

（一）经全国注册监理工程师执业资格统一考试合格，取得资格证书；

（二）受聘于一个相关单位；

（三）达到继续教育要求；

（四）没有本规定第十三条所列情形。

初始注册需要提交下列材料：

（一）申请人的注册申请表；

（二）申请人的资格证书和身份证复印件；

（三）申请人与聘用单位签订的聘用劳动合同复印件；

（四）所学专业、工作经历、工程业绩、工程类中级及中级以上职称证书等有关证明材料；

（五）逾期初始注册的，应当提供达到继续教育要求的证明材料。

第十一条　注册监理工程师每一注册有效期为 3 年，注册有效期满需继续执业的，应当在注册有效期满 30 日前，按照本规定第七条规定的程序申请延续注册。延续注册有效期 3 年。延续注册需要提交下列材料：

（一）申请人延续注册申请表；

（二）申请人与聘用单位签订的聘用劳动合同复印件；

（三）申请人注册有效期内达到继续教育要求的证明材料。

第十二条　在注册有效期内，注册监理工程师变更执业单位，应当与原聘用单位解除劳动关系，并按本规定第七条规定的程序办理变更注册手续，变更注册后仍延续原注册有效期。

变更注册需要提交下列材料：

（一）申请人变更注册申请表；

（二）申请人与新聘用单位签订的聘用劳动合同复印件；

（三）申请人的工作调动证明（与原聘用单位解除聘用劳动合同或者聘用劳动合同到期的证明文件、退休人员的退休证明）。

第十三条　申请人有下列情形之一的，不予初始注册、延续注册或者变更注册：

（一）不具有完全民事行为能力的；

（二）刑事处罚尚未执行完毕或者因从事工程监理或者相关业务受到刑事处罚，自刑事处罚执行完毕之日起至申请注册之日止不满 2 年的；

（三）未达到监理工程师继续教育要求的；

（四）在两个或者两个以上单位申请注册的；

（五）以虚假的职称证书参加考试并取得资格证书的；

（六）年龄超过 65 周岁的；

（七）法律、法规规定不予注册的其他情形。

第十四条　注册监理工程师有下列情形之一的，其注册证书和执业印章失效：

（一）聘用单位破产的；

（二）聘用单位被吊销营业执照的；

（三）聘用单位被吊销相应资质证书的；

（四）已与聘用单位解除劳动关系的；

（五）注册有效期满且未延续注册的；

（六）年龄超过 65 周岁的；

（七）死亡或者丧失行为能力的；

（八）其他导致注册失效的情形。

第十五条　注册监理工程师有下列情形之一的，负责审批的部门应当办理注销手续，收回注册证书和执业印章或者公告其注册证书和执业印章作废：

（一）不具有完全民事行为能力的；

（二）申请注销注册的；

（三）有本规定第十四条所列情形发生的；

（四）依法被撤销注册的；

（五）依法被吊销注册证书的；

（六）受到刑事处罚的；

（七）法律、法规规定应当注销注册的其他情形。

注册监理工程师有前款情形之一的，注册监理工程师本人和聘用单位应当及时向国务院建设主管部门提出注销注册的申请；有关单位和个人有权向国务院建设主管部门举报；县级以上地方人民政府建设主管部门或者有关部门应当及时报告或者告知国务院建设主管部门。

第十六条　被注销注册者或者不予注册者，在重新具备初始注册条件，并符合继续教育要求后，可以按照本规定第七条规定的程序重新申请注册。

第三章　执　　业

第十七条　取得资格证书的人员，应当受聘于一个具有建设工程勘察、设计、施工、监理、招标代理、造价咨询等一项或者多项资质的单位，经注册后方可从事相应的执业活动。从事工程监理执业活动的，应当受聘并注册于一个具有工程监理资质的单位。

第十八条　注册监理工程师可以从事工程监理、工程经济与技术咨询、工程招标与采购咨询、工程项目管理服务以及国务院有关部门规定的其他业务。

第十九条　工程监理活动中形成的监理文件由注册监理工程师按照规定签字盖章后方可生效。

第二十条　修改经注册监理工程师签字盖章的工程监理文件，应当由该注册监理工程师进行；因特殊情况，该注册监理工程师不能进行修改的，应当由其他注册监理工程师修改，并签字、加盖执业印章，对修改部分承担责任。

第二十一条　注册监理工程师从事执业活动，由所在单位接受委托并统一收费。

第二十二条　因工程监理事故及相关业务造成的经济损失，聘用单位应当承担赔偿责任；聘用单位承担赔偿责任后，可依法向负有过错的注册监理工程师追偿。

第四章　继　续　教　育

第二十三条　注册监理工程师在每一注册有效期内应当达到国务院建设主管部门规定的继续教育要求。继续教育作为注册监理工程师逾期初始注册、延续注册和重新申请注册的条件之一。

第二十四条　继续教育分为必修课和选修课，在每一注册有效期内各为48学时。

第五章　权　利　和　义　务

第二十五条　注册监理工程师享有下列权利：

（一）使用注册监理工程师称谓；

（二）在规定范围内从事执业活动；

（三）依据本人能力从事相应的执业活动；

（四）保管和使用本人的注册证书和执业印章；

（五）对本人执业活动进行解释和辩护；

（六）接受继续教育；

（七）获得相应的劳动报酬；

（八）对侵犯本人权利的行为进行申诉。

第二十六条　注册监理工程师应当履行下列义务：

（一）遵守法律、法规和有关管理规定；

（二）履行管理职责，执行技术标准、规范和规程；

（三）保证执业活动成果的质量，并承担相应责任；

（四）接受继续教育，努力提高执业水准；

（五）在本人执业活动所形成的工程监理文件上签字、加盖执业印章；

（六）保守在执业中知悉的国家秘密和他人的商业、技术秘密；

（七）不得涂改、倒卖、出租、出借或者以其他形式非法转让注册证书或者执业印章；

（八）不得同时在两个或者两个以上单位受聘或者执业；

（九）在规定的执业范围和聘用单位业务范围内从事执业活动；

（十）协助注册管理机构完成相关工作。

第六章　法　律　责　任

第二十七条　隐瞒有关情况或者提供虚假材料申请注册的，建设主管部门不予受理或者不予注册，并给予警告，1年之内不得再次申请注册。

第二十八条　以欺骗、贿赂等不正当手段取得注册证书的，由国务院建设主管部门撤销其注册，3年内不得再次申请注册，并由县级以上地方人民政府建设主管部门处以罚款，其中没有违法所得的，处以1万元以下罚款，有违法所得的，处以违法所得3倍以下且不超过3万元的罚款；构成犯罪的，依法追究刑事责任。

第二十九条　违反本规定，未经注册，擅自以注册监理工程师的名义从事工程监理及相关业务活动的，由县级以上地方人民政府建设主管部门给予警告，责令停止违法行为，处以3万元以下罚款；造成损失的，依法承担赔偿责任。

第三十条　违反本规定，未办理变更注册仍执业的，由县级以上地方人民政府建设主管部门给予警告，责令限期改正；逾期不改的，可处以5000元以下的罚款。

第三十一条　注册监理工程师在执业活动中有下列行为之一的，由县级以上地方人民政府建设主管部门给予警告，责令其改正，没有违法所得的，处以1万元以下罚款，有违法所得的，处以违法所得3倍以下且不超过3万元的罚款；造成损失的，依法承担赔偿责任；构成犯罪的，依法追究刑事责任：

（一）以个人名义承接业务的；

（二）涂改、倒卖、出租、出借或者以其他形式非法转让注册证书或者执业印章的；

（三）泄露执业中应当保守的秘密并造成严重后果的；

（四）超出规定执业范围或者聘用单位业务范围从事执业活动的；

（五）弄虚作假提供执业活动成果的；

（六）同时受聘于两个或者两个以上的单位，从事执业活动的；

（七）其他违反法律、法规、规章的行为。

第三十二条　有下列情形之一的，国务院建设主管部门依据职权或者根据利害关系人的请求，可以撤销监理工程师注册：

（一）工作人员滥用职权、玩忽职守颁发注册证书和执业印章的；

（二）超越法定职权颁发注册证书和执业印章的；

（三）违反法定程序颁发注册证书和执业印章的；

（四）对不符合法定条件的申请人颁发注册证书和执业印章的；

（五）依法可以撤销注册的其他情形。

第三十三条 县级以上人民政府建设主管部门的工作人员，在注册监理工程师管理工作中，有下列情形之一的，依法给予处分；构成犯罪的，依法追究刑事责任：

（一）对不符合法定条件的申请人颁发注册证书和执业印章的；

（二）对符合法定条件的申请人不予颁发注册证书和执业印章的；

（三）对符合法定条件的申请人未在法定期限内颁发注册证书和执业印章的；

（四）对符合法定条件的申请不予受理或者未在法定期限内初审完毕的；

（五）利用职务上的便利，收受他人财物或者其他好处的；

（六）不依法履行监督管理职责，或者发现违法行为不予查处的。

第七章 附 则

第三十四条 注册监理工程师资格考试工作按照国务院建设主管部门、国务院人事主管部门的有关规定执行。

第三十五条 香港特别行政区、澳门特别行政区、台湾地区及外籍专业技术人员，申请参加注册监理工程师注册和执业的管理办法另行制定。

第三十六条 本规定自 2006 年 4 月 1 日起施行。1992 年 6 月 4 日建设部颁布的《监理工程师资格考试和注册试行办法》（建设部令第 18 号）同时废止。